Kirsten Schüler

Der Einfluss des Fernsehkonsums auf die Gesundheit von Kindern

D1826840

Kirsten Schüler

Der Einfluss des Fernsehkonsums auf die Gesundheit von Kindern

GRIN Verlag

Bibliografische Information der Deutschen Nationalbibliothek: Die Deutsche Bibliothek verzeichnet diese Publikation in der Deutschen Nationalbibliografie; detaillierte bibliografische Daten sind im Internet über http://dnb.d-nb.de/ abrufbar.

1. Auflage 2004
Copyright © 2004 GRIN Verlag
http://www.grin.com/
Druck und Bindung: Books on Demand GmbH, Norderstedt Germany
ISBN 978-3-638-70550-9

Wissenschaftliche Hausarbeit für das Lehramt an Grundschulen

eingereicht dem Amt für Lehrerausbildung

-Erste Staatsprüfung-

Stuttgarter Straße 18-24, 60329 Frankfurt am Main

Der Einfluss des Fernsehkonsums auf die Gesundheit von Kindern

Fach: Biologie

Abgabetermin: 13. Dezember 2004

Verfasserin: Kirsten Schüler

Inhaltsverzeichnis

1   Einleitung   5

1.1   Vorwort   5
1.2   Thema der Arbeit- Zielsetzung   6
1.3   Aufbau   8

**2   Aktuelle Erkenntnisse zum Fernsehkonsum und
     Fernsehmotiven von Grundschulkindern**   10

2.1   Quantitative Daten zum Fernsehkonsum von Kindern   10
2.1.1   Der Stellenwert des Fernsehens unter den
        Freizeitbeschäftigungen   11
2.1.2   Verweildauer vor dem Fernseher   14

2.2   Fernsehvorlieben und Motive   15
2.2.1   Was sehen Kinder im Fernsehen ?   15
2.2.2   Warum sehen Kinder fern?   20
2.2.3   Was wollen Kinder aus dem Fernsehen lernen?   28

**2.3   Durch welche Faktoren wird der Fernsehkonsum
       beeinflusst?**   30
2.3.1   Allgemeine soziale Rahmenbedingungen   31
2.3.2   Familienformen   31
2.3.3   Fernsehrestriktionen der Eltern   33
2.3.4   Vorbildfunktion der Eltern   33
2.3.5   Herkunftsmilieu (Sozialer Status)   34

2.4   Verständnis der Fernsehinhalte   37
2.4.1   Kognitive, soziale und moralische Entwicklung des Kindes   38
2.4.2   Fernsehverständnis in Abhängigkeit von der Altersstufe   39

3   Auswirkungen auf die Gesundheit   44

3.1   Abläufe während des Fernsehkonsums   45
3.1.1   Visuelle Leistungen und der Einfluss auf das Sehvermögen   45
3.1.2   Visuelle und auditive Wahrnehmung und Aufmerksamkeit   46

**3.2   Langfristige psychische Auswirkungen des
       Fernsehkonsums**   49
3.2.1   Emotionen und Fernsehen   50
3.2.2   Macht Fernsehen ängstlich?   52

3.3 Langfristige Auswirkungen auf die kognitive Entwicklung 58
3.3.1 Einfluss auf das Vorstellungsvermögen 59
3.3.2 Wissen Fernsehkinder mehr? 59
3.3.3 Einfluss der Intelligenz auf die Verarbeitung von Fernsehinformationen 62
3.3.4 Macht Fernsehkonsum sprachlos? 63
3.3.5 Lesen vs. Fernsehen 65
3.3.6 Auswirkungen auf die Schreib- und Lesekompetenz 66
3.3.7 Fernsehkonsum im Zusammenhang mit Schulleistungen 72

3.4 Langfristige Auswirkungen auf das Verhalten 73
3.4.1 Hyperaktivität oder Trägheit - Folgen von erhöhtem Fernsehkonsum? 74
3.4.2 Verändertes Freizeitverhalten 75
3.4.3 Ersetzt Fernsehen eigenes Erleben? 77
3.4.4 Exkurs: Macht Fernsehgewalt gewalttätig ? 78

3.5 Langfristige Auswirkungen auf die körperliche Gesundheit 80
3.5.1 Verändertes Bewegungsverhalten durch Fernsehkonsum? 80
3.5.2 Verändertes Ernährungsverhalten durch Fernsehkonsum? 87
3.5.3 Übergewicht infolge von Bewegungsmangel und falscher Ernährung 88
3.5.4 Auswirkungen auf die Gesundheit im Erwachsenenalter 89

4 Ausblick: Fernseherziehung als Gesundheits-erziehung 92

4.1 Öffentliche Fernsehreglementierung 93

4.2 Fernseherziehung im Elternhaus 95
4.2.1 Aktuelle Situation 95
4.2.2 Regeln für eine sinnvolle Fernseherziehung 97

4.3 Schulische Fernseherziehung 102
4.3.1 Aktuelle Situation in der Schule 103
4.3.2 Ausgewählte Praxisbeispiele für Medienarbeit mit Kindern 107

5 Interviews mit Kindern 112

5.1 Daten über die Interviewpartner 112

5.2 Ablauf der Interviews 113

5.3 Auswertung der Interviews 114
5.3.1 Verhalten der Kinder beim Interview 115
5.3.2 Fernsehverhalten 115
5.3.3 Bewusstsein über Fernsehwirkungen 117

5.3.4	Fernseherziehung im Elternhaus	123
5.3.5	Fernseherziehung in der Schule	126
5.3.6	Allgemeine Auswertung	127

6 Abschlussbemerkungen   **129**

7 Literaturverzeichnis   **132**

7.1	**Bücher**	132
7.2	**Aufsätze aus Büchern**	135
7.3	**Zeitschriften**	137
7.4	**Internet**	140

1 Einleitung

1.1 Vorwort

„Früher war alles besser!" Wie oft hört man diesen Satz oder hat ihn vielleicht selbst schon gedacht?

Früher, da spielten die Kinder noch draußen, kletterten auf Bäume, stauten Bäche, machten sich dreckig und sammelten in der Natur Erfahrungen aus erster Hand, während die Kinder heute in Betonwüsten leben und ihre Zeit mit Fernsehschauen, Computerspielen und Rumhängen verbringen. Die heutigen Kinder haben weniger soziale Kontakte, Eltern, die keine Zeit für sie aufwenden können, sie versagen in der Schule, wie uns die PISA- Ergebnisse vor Augen halten, sie werden aggressiv, sind faul, antriebslos und unkonzentriert, undankbare Egoisten mit hohen Ansprüchen. „Was soll nur aus unseren heutigen Kindern werden?" fragen Medien, Eltern, Lehrer und Politiker.

Aber war es nicht schon immer so, dass man frühere Zeiten verherrlichte und sich Sorgen machte über die Kinder und Jugendlichen? Oder steht es wirklich so schlimm um unsere Kinder?

Untersuchungen haben gezeigt, dass unsere Sorgen durchaus nicht unbegründet sind. Es steht nicht gut um die Gesundheit der Kinder.

„Gemessen an den Indikatoren der Morbiditäts- und Mortalitätsstatistiken hat sich in den westlichen Industrienationen die gesundheitliche Lage der Kinder innerhalb einer Generation erheblich verbessert". (Settertobulte 1997, S.3) Infektionskrankheiten sind leichter zu heilen und selbst genetische Defekte können erfolgreich behandelt werden, jedoch ergeben sich *„neue Gesundheitsrisiken aus sich verändernden Lebensweisen und Umweltbedingungen".* (Settertobulte 1997, S.3) Es wird ein Anstieg verzeichnet an Diabetes Typ II bei Jugendlichen, sowie Herz-Kreislaufkrankheiten[1], Allergien und Unfällen.

Viele Schulanfänger leiden unter Haltungsschäden, motorischen Störungen, Rückenschmerzen und Übergewicht. Aus einer Münchener Schuleingangsuntersuchung geht hervor, dass nur 30% der Schulanfänger in der Lage sind, auf Anhieb einen Purzelbaum zu machen. 60% der Kinder haben bereits Haltungsschäden, 44% kla-

---

[1] 25% der Kinder haben bereits eine Herz-Kreislaufschwäche und sind damit anfälliger für spätere Infarkte (vgl. Friedrichs 2004)

gen über gelegentliche Rückenschmerzen, 40% haben Koordinationsschwächen, und 20% sind übergewichtig. (vgl. http://www.Familienhandbuch.de/cmain/f_Aktuelles/ a_Kindliche *Entwicklung/ s*596.html)

Auch psychische und kognitive Probleme wie Konzentrationsstörungen, Aufmerksamkeitsstörungen, Wahrnehmungsstörungen, Sprachstörungen, Ängste und Lernstörungen nehmen zu.

1996/1997 wurde im Raum Bielefeld der „Bielefelder Grundschulsurvey" durchgeführt, in dem Viertklässler und ihre Eltern nach Gesundheitsbeeinträchtigungen und gesundheitsrelevanten Verhaltensweisen befragt wurden. Während sich im Bereich Hygiene keine auffälligen Befunde ergaben, waren Ernährungs-, Bewegungsverhalten und Fernsehgewohnheiten alarmierend. (vgl. Settertobulte 1997)

1.2   Thema der Arbeit- Zielsetzung

In dieser wissenschaftlichen Arbeit wird ein besonderes Augenmerk auf den Fernsehkonsum der Kinder gerichtet.

Fernsehen- ein Thema mit dem sich jeder in irgendeiner Form auskennt. Fast jeder kennt solche Situationen: man ist erschöpft, hatte einen langen anstrengenden Tag, kommt nach Hause und möchte einfach nur abschalten, sich ablenken. Man schaltet den Fernseher ein, zappt wahllos durch die Programme bis man etwas Interessantes gefunden hat. Wird das Dargebotene langweilig, so zappt man einfach weiter. Man ist zu müde zum Lesen, man möchte sich von den alltäglichen Sorgen distanzieren, man sucht Zerstreuung: Fernsehen als Helfer bei Langeweile oder Sorgen, als Gesellschaftsersatz, als Begleitung zum Essen.

Wir meinen zu wissen, dass Talkshows niveaulos, Serien unrealistisch, Reportagen übertrieben, Nachrichtensendungen in den öffentlich-rechtlichen Sendern seriös und Filme und Sendungen oft leichte Kost, brutal oder sexistisch sind. Kaum einer macht sich allerdings Gedanken, ob Fernsehen ungesund oder schädlich sein könnte.

Fernsehen gehört aber heutzutage nicht nur zum Leben der Erwachsenen dazu, sondern ist auch ein fester Bestandteil im Leben der Kinder geworden.

Bei einer Umfrage des TV-Senders FoxKids (Premiere World) wurden Kinder zwischen 6 und 13 Jahren gefragt, was sie auf eine einsame Insel mitnehmen würden, wobei der Fernseher unangefochten auf Platz eins der Antworten lag. (vgl. www.lifeline.de/cda/page/center/0,2845,8-4780,FF.html)

„Mindestens ein Fernsehapparat steht in mehr als 98% aller deutschen Haushalte und in etwa jedem 5. deutschen Kinderzimmer. Der Fernsehkonsum nimmt über die Jahre hinweg zu und liegt im Durchschnitt bei etwa 2 Stunden pro Tag"[2]. (Spitzer 2003, S.113) Angesichts solcher Zahlen ist es nicht verwunderlich, wenn schon vom „Familienmitglied Fernseher" gesprochen wird.

Welche Auswirkungen hat dieser hohe Fernsehkonsum auf die kindliche Entwicklung? Ist der Fernsehkonsum ein Faktor für den schlechten Gesundheitszustand der Kinder? Welche Spätfolgen sind zu erwarten bei Kindern, die zuviel Fernsehen? Ist Fernsehen wirklich so gefährlich, ja vielleicht sogar eine Droge, wie A. Quattrocchi feststellt: *„Genau, Fernsehen ist eine Droge. Die Droge unserer Zeit. Eine leichte oder eine schwere Droge? Sie ist leicht, weil sie nicht tötet, aber schwer, weil sie abhängig macht. Wie sehr, das liegt ganz an euch. Schaut euch doch einmal an: Starrer, glasiger Blick, herunterhängender Unterkiefer, halboffener Mund, stundenlang klebt ihr vor dem Bildschirm, für euch selbst und für eure Umgebung verloren. Tag für Tag, alles in euch aufnehmend, vom Fernsehquiz über Film zum Sport, wahllos alles. Ja, der Fernsehsüchtige macht wie der Drogenabhängige kaum noch Unterschiede, jede Droge ist ihm recht."* (Quattrocchi 1994, S.8)
Oder ist die Aufregung um das Fernsehen eine reine „Panikmache"? Dr. Wilhelm Kleine, Professor an der Sporthochschule Köln hält viele Untersuchungen für unzulänglich und pauschalisierend: *„ Die Auseinandersetzung über die Lebens- und Bewegungswelt von Kindern leidet über weite Strecken geradezu unter der Absolutsetzung subjektiver Sichtweisen, der Simplifizierung von Sachverhalten und der Bevorzugung von „Wenn- Dann- Schemata": Viel Fernsehen impliziert wenig Bewegung, Fernsehen macht aggressiv, Landkinder bewegen sich mehr als Stadtkinder."* (Kleine 1997, S.487)

Die möglichen Auswirkungen des Fernsehkonsums auf den Gesundheitszustand sollen in dieser Arbeit umfassend beleuchtet werden. Das bedeutet, dass der Begriff „Gesundheit" nicht nur auf das rein Körperliche bezogen wird, sondern ganzheitlich zu verstehen ist und somit auch den geistigen und emotionalen Zustand beinhaltet.

---

[2] In anderen Untersuchungen wird sogar eine 100% Ausstattung mit Fernsehgeräten sowie ein eigenes Gerät bei 34% der Kinder festgestellt. (vgl. Feierabend 2001, S. 348)

Mit Hilfe von empirischen Untersuchungen und Studien erfolgt eine Betrachtung der Auswirkungen auf den Körper, das Gesundheitsverhalten als auch auf die Gefühlswelt, das soziale Verhalten und die geistige Entwicklung von Kindern.

Leider gibt es zu einigen Fragestellungen noch recht wenige Untersuchungen. Zu der Frage etwa, ob Fernsehkonsum einen Einfluss auf das Ernährungsverhalten hat, liegen noch keine deutschen Untersuchungen vor.

Über bestimmte Einzelbereiche wie etwa die Auswirkungen von Gewalt im Fernsehen oder Werbung findet man zahlreiche Literatur, während hingegen die generellen Auswirkungen auf die kognitive Entwicklung in der Forschung bisher eher vernachlässigt wurden.

Auch sind die Untersuchungsergebnisse manchmal widersprüchlich, so dass man den Eindruck gewinnen könnte, dass eine Untersuchung ein bestimmtes erwünschtes Ergebnis forcieren soll.

1.3 Aufbau

Um die Folgen des Fernsehkonsums auf die Gesundheit diskutieren zu können werde ich zunächst einen Überblick geben über das aktuelle Konsumverhalten und die Fernsehmotive von Kindern. Dieses Kapitel beinhaltet den Stellenwert des Fernsehens unter den Freizeitbeschäftigungen, die Verweildauer vor dem Fernseher sowie Gründe für den Fernsehkonsum der Kinder. Außerdem soll geklärt werden, ob die familiäre und soziale Situation einen Einfluss nimmt auf das Fernsehverhalten. Den Abschluss dieses einführenden Kapitels bildet eine Auseinandersetzung mit dem Verständnis der Fernsehinhalte in Abhängigkeit vom Alter des Zuschauers.

Im zweiten Teil meiner Arbeit beschäftige ich mich dann genauer mit den gesundheitlichen Auswirkungen. Dabei geht es zunächst um Abläufe während des Zuschauens, also um Aufmerksamkeit und um den Einfluss auf die Augen. Es folgen dann die langfristigen Auswirkungen auf den Körper, die Psyche, die kognitive Entwicklung sowie das Verhalten.

Bei den psychischen Auswirkungen geht es insbesondere um das Thema Angst, bei den kognitiven und körperlichen Auswirkungen liegen die Schwerpunkte auf der

Sprachentwicklung, der Schreib- und Lesekompetenz bzw. dem Bewegungsverhalten.

Der dritte Teil gibt einen Ausblick auf eine sinnvolle Fernseherziehung in der Schule und im Elternhaus. Dabei wird zunächst jeweils die aktuelle Situation beleuchtet. Im Anschluss soll der Frage nachgegangen werden, ob und wie man das Fernsehen bei richtigem Umgang positiv nutzen und in das Leben der Kinder integrieren kann.

Den Abschluss der Arbeit bildet ein praktischer Teil, nämlich Interviews mit Kindern im Alter von 8 –10 Jahren zu zwei in der Forschung bisher eher weniger behandelten Fragestellungen.
Mit Hilfe von Befragungen wurde eruiert, ob Kinder im Grundschulalter ein Bewusstsein über Fernsehwirkungen besitzen, d.h. ob sie über die Folgen von Fernsehkonsum reflektieren.
Weiterhin sollte herausgefunden werden, ob im Elternhaus und in der Schule eine Fernseherziehung stattfindet und wenn ja in welcher Form.

2 Aktuelle Erkenntnisse zum Fernsehkonsum und Fernsehmotiven von Grundschulkindern

Dieser erste Teil der Arbeit soll einen Überblick bieten über das aktuelle Fernsehkonsumverhalten von Kindern. Dabei geht es um den Stellenwert des Fernsehens unter den Freizeitbeschäftigungen, die Frage nach dem Ausmaß des Konsums, also wie viele Stunden und zu welchen Zeiten Kinder fernsehen. Es wird versucht zu klären warum Fernsehen gerade auch für Kinder eine so beliebte Tätigkeit ist, welche Motive es dafür gibt und was Kinder bevorzugt anschauen.

Außerdem wird der Einfluss der familiären Situation auf das Fernsehverhalten analysiert.

Ein weiteres Kapitel widmet sich dem Thema „Altersabhängiges Verständnis". Hier wird dargestellt, in welchem Alter Kinder welche Inhalte verstehen und vor allem wie sie diese verstehen.

Dieses erste große Kapitel bildet eine Grundlage für den Hauptteil dieser Arbeit, in dem der Frage nach dem Einfluss des Fernsehkonsums auf die Gesundheit nachgegangen wird.

2.1 Quantitative Daten zum Fernsehkonsum von Kindern

Quantitative Daten zum Fernsehkonsum von Kindern finden sich sehr zahlreich in der Literatur, allerdings weichen diese Ergebnisse teilweise stark von einander ab. Die Methoden mit denen z. B. die Sehdauer[3] von Kindern erhoben wird, sind oft durch die äußeren Umstände sehr fehlerbehaftet und ungenau.

Befragt man jüngere Kinder per Interview, so sind diese meist nicht in der Lage, ihr Sehverhalten realistisch einzuschätzen, da sie noch kein sicheres Zeitempfinden besitzen. Befragt man hingegen die Eltern, so machen diese oft falsche Angaben, da sie sich nicht eingestehen oder zugeben wollen, wie viel Zeit ihr Kind wirklich vor dem Fernseher verbringt.

---

[3] „Sehdauer" bezeichnet die Zeit, in der der Blick dem Bildschirm zugewandt ist. Die „Verweildauer" hingegen ist die Zeit, die vor dem eingeschalteten Fernseher verbracht wird.

Die genausten Ergebnisse erhält man per GfK-Recorder[4], wobei hier aber die Ungenauigkeit darin besteht, dass jüngere Zuschauer das Gerät nicht immer richtig bedienen, da per Personentaste eingeschaltet werden muss, wer gerade fern sieht. (vgl. Theunert 1995, S.16-17)

Außerdem veralten die erhobenen Daten sehr schnell, da sich das Sehverhalten auch heute noch ständig ändert. Früher lag dies an der sich ständig erhöhenden Zahl von Sendern und den veränderten Freizeitbeschäftigungen von Kindern. Da diese Faktoren seit einigen Jahren als relativ konstant zu betrachten sind, bedingen sich momentane Veränderungen eher durch das Hinzukommen von anderen Medien wie Computer (und damit verbundene Internetnutzung) und Spielkonsolen.

Die im folgenden aufgeführten Daten stammen aus der Studie KIM- Kinder und Medien (2000)[5], einer Studie vom Westdeutschen Rundfunk in Kooperation mit dem Sender Freies Berlin und dem DeutschlandRadio (2001)[6], sowie aus dem Beitrag „Was Kinder sehen" basierend auf Daten der AGF/GfK- Fernsehforschung (2002)[7].

2.1.1 Der Stellenwert des Fernsehens unter den Freizeitbeschäftigungen

Das Fernsehen steht den Privathaushalten seit den 50er Jahren zur Verfügung. Anfangs war Fernsehen noch ein Gesellschaftsereignis, da nur wenige Leute einen Fernseher besaßen. Man traf sich zu großen Sportübertragungen beim Nachbarn oder in einer Gaststätte.

---

[4] GfK: Gesellschaft für Konsumforschung; der Recorder ist am Fernseher angeschlossen und registriert wie lange welcher Sender geschaut wird.
[5] Die Studie wurde im Auftrag des Medienpädagogischen Forschungsverbundes Südwest vom IFAK Institut Taunusstein im November/Dezember 2000 durchgeführt. Dabei wurden 1228 Kinder mündlich, sowie deren Erziehungsberechtigte schriftlich befragt. Dabei ging es um eine Analyse des Medienverhaltens (speziell auch um Computer und Internet). Die Studie ist veröffentlicht innerhalb des Aufsatzes „Kinder und Medien 2000: PC und Internet gewinnen an Bedeutung" von S. Feierabend (2001)

[6] Bei dieser Studie ging es an sich um Bekanntheit, Nutzung, Bewertung und Image des Hörfunks. In Nordrhein-Westfalen und Berlin/Brandenburg wurden jeweils über 100 Kinder von 7 bis 14 Jahren, sowie ein Elternteil anhand eines voll strukturierten Fragebogens befragt. Veröffentlicht wurden die Ergebnisse in dem Artikel „Mediennutzung bei Kindern: Radio im Abseits?" von J. Eckhardt (2002)

[7] Für diese Studie wurden 1624 Kinder zwischen 3 und 13 Jahren kontinuierlich befragt. Unter anderem erhielt die GfK ihre Daten mit Hilfe eines Apparates am Fernsehgerät, das die Fernsehnutzung aufzeichnet. Hierbei muss der Zuschauer einen Personenkopf betätigen, damit die Daten personenspezifisch gewonnen werden können. Analysiert werden sollte die Entwicklung verschiedener Indikatoren der Fernsehnutzung sowie geschlechts- und altersspezifische Unterschiede. Veröffentlicht wurden die Ergebnisse in dem Artikel „Was Kinder sehen" von S. Feierabend (2003).

In den 70 er Jahren verbreitete sich dann das Medium mehr und mehr, in den 80er Jahren wurde das Programmangebot durch die Privatsender erweitert und es gab 24 Stunden am Tag Programm.

Heutzutage gibt es im Grunde keinen Haushalt mehr ohne Fernsehgerät[8], in vielen Haushalten existieren sogar Zweit- und Drittgeräte, während die Ausstattung mit Telefon hingegen nur bei 97%, mit Radio und Videorecorder bei 94% liegt.

Nach Angaben der Eltern haben bereits etwa 34 % der Kinder von 6-13 Jahren ein eigenes Fernsehgerät in ihrem Zimmer[9]. (vgl. Feierabend 2001, S. 348)

Ältere Kinder und Jungen besitzen dabei eher einen eigenen Fernseher als jüngere Kinder und Mädchen. (vgl. Eckhardt 2002, S.88)

Dementsprechend groß ist auch die Nutzung dieses Mediums. Etwa 80% der Kinder zwischen 6 und 13 Jahren sehen täglich fern[10].

Bei den präferierten Freizeitbeschäftigungen[11] liegt „Fernsehen" mit 35% auf Platz 2 hinter „Freunde treffen" mit 40%. Auf den Plätzen 3-10 folgen „Draußen spielen" (33%), „Sport treiben" (18%), „Drinnen spielen" (17%), „Computer" (16%), „Mit Tier beschäftigen" (13%), „Musikkassetten" (13%), „Malen/Zeichen/Basteln" (10%), „Familie, Eltern" (9%). Beschäftigungen wie Lesen, Briefe schreiben oder Musizieren werden kaum genannt. (vgl. Feierabend 2001, S. 347).

Schaut man sich hingegen die wirklich ausgeübten Tätigkeiten der Kinder an, so liegt Fernsehen auf Platz 2 hinter „Hausaufgaben machen", was aber eher als Pflicht und nicht als Freizeitbeschäftigung zu bezeichnen ist.

In der Studie wurde gefragt, welchen Tätigkeiten die Kinder jeden/fast jeden Tag nachgehen. Hier war mit 81% „Hausaufgaben und Lernen" auf Platz 1, „Fernsehen" mit 80% auf Platz zwei. Danach folgten erst mit 56% „Drinnen spielen", „Freunde treffen" mit 53% und „Draußen spielen" mit 51%. (vgl. Abbildung 2.1.1)

Bei der Studie zur Mediennutzung (WDR,DLR, SFB) wurden die Kinder nach ihren Tätigkeiten am Vortag befragt. Hier lagen die Medien mit 93,1% deutlich an der Spit-

---

[8] Die Prozentzahlen schwanken zwischen 99,9 und 100%
[9] in Westdeutschland 29% und in Ostdeutschland sogar 51% (vgl. Feierabend 2001, S. 348)
[10] bei den 3-13jährigen sind es nach den Daten der AGF/GfK-Fernsehforschung nur 62% die täglich fern sehen (vgl. Feierabend 2003, S.167)
[11] In der Studie KIM 2000 wurden den Kindern 27 Freizeitbeschäftigungen zur Auswahl gegeben. Davon durften dann jeweils drei ausgewählt werden.

ze. Fernsehen ist hierbei mit 79,4% das Leitmedium, wobei aber sogar 27% angaben, ein Buch gelesen zu haben. Nach den Medien folgt „Im Haushalt helfen" mit 45,3%, „Spielen" mit 44,9%, „Sport" mit 37,7% und „Freunde treffen" mit 30,3%. Hausaufgaben machen taucht überhaupt nicht auf. (Eckhardt 2002, S.92)

	1969 Gesamt (n=1.058)	2000 Gesamt (n=1.228)	Mädchen (n=604)	Jungen (n=624)	6-7 J (n=274)	8-9 J (n=360)	10-11 J (n=298)	12-13 J (n=356)	West (n=957)	Ost (n=271)
Hausaufgaben/Lernen	81	81	81	82	74	84	87	79	84	72
Fernsehen	73	80	79	81	76	81	80	83	80	80
Drinnen spielen	-*	56	58	55	70	66	54	40	55	60
Freunde treffen	54	53	50	56	41	51	59	59	56	42
Draußen spielen	-*	51	46	56	80	55	52	40	51	52
Radio	30	35	37	34	27	35	39	39	34	42
Musikkassetten	-*	32	34	30	20	29	39	39	33	31
Mit Tier beschäftigen	28	26	31	22	26	28	28	25	24	35
Ausruhen	10	19	21	17	23	21	17	18	19	21
Telefonieren	12	18	20	17	5	15	20	29	19	15
Malen/Zeichnen/Basteln	17	18	24	13	33	24	9	9	17	20
Computer	8	16	12	19	6	12	18	24	15	17
Buch	15	14	20	9	10	16	16	14	15	10
Hörspielkassetten	-*	14	16	12	18	17	14	9	14	13
Gameboy	9	12	8	16	11	14	15	10	11	17
Familie/Eltern	10	12	14	10	16	15	9	10	13	11
Sport treiben	13	10	7	14	5	8	14	14	11	8
Zeitschrift	8	10	10	10	7	8	11	13	10	10
Videospiele/Spielekonsole	7	8	4	11	5	7	6	9	7	10
Video	6	5	4	6	4	5	6	4	5	5
Zeitung	5	5	5	4	1	4	4	8	4	6
Musizieren	4	5	6	3	3	5	3	7	5	4
Comic	5	4	3	5	3	5	6	4	5	3
Jugendgruppe	5	2	2	2	0	1	2	4	2	2
Briefe	1	1	1	0	-*	0	1	1	1	1
Bücherei/Bibliothek	-*	0	0	0	-*	0	-*	1	0	-*

- Nicht erhoben bzw. abweichende Fragestellung

Abbildung 2.1.1 : Freizeitaktivitäten nach Angaben der Kinder (jeden Tag/fast jeden Tag, in %) (Feierabend 2001, S. 346)

Vergleicht man die Ergebnisse für die präferierten Beschäftigungen und die wirklichen Beschäftigungen, fällt auf, dass sich Kinder zwar sehr für das Fernsehen interessieren, sich aber auch wahrscheinlich so intensiv mit diesem Medium beschäftigen, weil es so wenig Aufwand erfordert, man nicht aus dem Haus gehen muss und diese Tätigkeit auch alleine ausüben kann. Auch wenn sich Kinder am liebsten mit Freunden treffen würden, so haben sie hierfür eben nicht immer die Möglichkeit.

Dass Fernsehen für Kinder jedoch sehr wichtig ist, zeigt eine Untersuchung, bei der Kinder danach befragt wurden, wie sehr sie das Fernsehen vermissen würden, wenn es keins mehr geben würde. Dabei wurde eine Skala von 1 bis 4 verwendet. 76 % der Kinder gaben an, dass sie ganz traurig wären (1), nimmt man noch die Kinder dazu, die angaben, traurig (2) zu sein, so liegt der Wert bei 94%. (vgl. Eckhart 2002, S.97)

2.1.2 Verweildauer vor dem Fernseher

Wie lange ein Kind im einzelnen vor dem Fernseher sitzt, hängt von unterschiedlichen Faktoren ab. Kabel- oder Satellitenfernsehen, also ein großes Angebot an Programmen, ein eigener Fernseher sowie ein wenig anregendes soziales Umfeld erhöhen den Fernsehkonsum. Jungen und ältere Kinder schauen ebenfalls mehr fern. Ebenso werden kleinere Kinder von älteren Geschwistern oft zum späten Fernsehen oder zum Schauen von nicht altersgemäßen Programmen „verführt" und der Konsum erhöht sich. (vgl. Theunert 1995 S. 18-22) Außerdem sehen Kinder in Ostdeutschland mehr fern als Kinder in Westdeutschland.

Durchschnittlich liegt die Verweildauer[12] pro Tag vor dem Fernseher bei den 3-13 jährigen bei 151 Minuten und die Sehdauer bei 97 Minuten. Die 3-5 jährigen sehen nur etwa 71 Minuten pro Tag fern (Verweildauer: 117 Minuten), die 10-13 jährigen mit 116 Minuten Sehzeit (Verweildauer: 172 Minuten) am meisten von den befragten Kindern. Bei Personen ab 14 Jahren steigt die Sehzeit jedoch sogar noch auf 215 Minuten pro Tag (die Verweilzeit auf 283 Minuten).

Betrachtet man das ganze Jahr, so liegt die durchschnittliche Sehzeit der 3-13 jährigen im Januar und Februar mit 108 Minuten am höchsten und im Juli/August mit 84 Minuten am niedrigsten, was aber sehr leicht erklärbar ist, da im Sommer aufgrund der Witterung eher Tätigkeiten außer Haus nachgegangen werden kann.

Verteilt auf die Woche wird am Wochenende mehr Zeit vor dem Fernseher verbracht. Von Montag bis Donnerstag liegt der Durchschnitt bei 88 Minuten Sehdauer, am Samstag und Sonntag bei 114 bzw. 110 Minuten.

Auf den einzelnen Tag verteilt steigt die Sehzeit der 3- 13 jährigen bis 20 Uhr an, die Hauptsehzeit liegt zwischen 18 bis 22.30 Uhr. Bei den 3-5 jährigen ist um 18.45 Uhr die größte Nutzung zu verzeichnen, bei den 10-13 jährigen zwischen 19 Uhr und 21.30 Uhr. Um 23 Uhr sitzen immerhin noch 4 % der 3-13 jährigen vor dem Fernseher. (vgl. Feierabend 2003, S.167-171)

---

[12] zur Unterscheidung Verweildauer/Sehdauer siehe auch Kapitel 3.1.2

Oft werden in der Literatur die Kinder je nach Ausmaß des Fernsehkonsums in Gruppen aufgeteilt. Es wird unterschieden nach den Wenigsehern (weniger als 60 Minuten Verweildauer), den Normal- oder Durchschnittssehern (zwischen 60 und 180 Minuten Verweildauer) und den Vielsehern (mehr als 180 Minuten). Unter den 3-13 jährigen zählen etwa 40% zu den Wenigsehern, 50% zu den Durchschnittssehern und 10% zu den Vielsehern[13]. (vgl. Feierabend 1998, S.170 und Fischer 2000, S.35)

2.2 Fernsehvorlieben und Motive

Dass Fernsehen eine beliebte Freizeitbeschäftigung ist, in die ab einem Alter von etwa 3 Jahren viel Zeit investiert wird, wurde im vorhergehenden Kapitel bereits dargelegt. Was aber schauen sich Kinder gerne an? Sind es die für sie bestimmten Kindersendungen oder aber interessieren sie sich mehr für das Erwachsenenprogramm? Und warum schauen sie so gerne, investieren Stunden in eine virtuelle Welt, statt zu spielen, Freunde zu treffen und selbst etwas zu erleben?
Man findet kaum ein Kind, das nicht gerne fern sieht. Was suchen Kinder für ihr Leben, für ihre Entwicklung und ihr Erwachsenwerden im Fernsehen? Was ist so faszinierend an den Inhalten?

Da diese Fragen nach den Vorlieben und den Motiven ineinander verwoben sind, sollen diese zwei Bereiche in einem Kapitel zusammen behandelt werden, wobei aber zunächst einmal ausführlicher betrachtet werden soll, was Kinder sich ansehen und danach der Frage nach dem „Warum" nachgegangen werden soll.

2.2.1 Was sehen Kinder ?

Innerhalb der bereits erwähnten Studie vom Westdeutschen Rundfunk in Kooperation mit dem Sender Freies Berlin und dem DeutschlandRadio (2001) wurden Kinder zwischen 7 und 13 Jahren nach ihren Lieblingssendungen gefragt. Diese wurden dann nach verschiedenen Genres zusammengefasst (vgl. Eckhardt 2002, S.96):

---

[13] Für die Zuordnung zu den Gruppen gibt es keine festen Regeln.

- Zeichentrickfilme und Cartoons (z. B. Simpsons, Pokémon)
- Serien und Soaps für Jugendliche und Erwachsene (z. B. Unter Uns)
- Vorschulserien (z. B. Sendung mit der Maus)
- Musiksendungen für Jugendliche (z. B. Bravo TV)
- Spielfilme
- Sportsendungen (z. B. Ran)
- Reality-TV (z. B. Big Brother)
- Nachrichten, Wissenssendungen (z. B. Logo)
- Rate- und Gameshows (z. B. Wer wird Millionär?)

Im Grunde genommen sehen Kinder also das gleiche wie auch Erwachsene, es tauchen fast aus jedem Bereich Sendungen auf.

Im folgenden soll nun u.a. genauer betrachtet werden, welche Genres besonders beliebt sind, wie sich das Sehverhalten mit dem Alter verändert und ob es Geschlechterunterschiede gibt.

• **Bevorzugte Sender**

Anhand von Daten der AGF/GfK-Fernsehforschung[14] wurden die Marktanteile (im Jahr 2002) der einzelnen Sender bei der Nutzung durch Kinder von 3 bis 13 Jahren ermittelt. Hierbei lag der Marktanteil der vier öffentlich-rechtlichen Sender ARD, ZDF, Dritte und KI.KA. bei 25,7%, die sieben Privatsender RTL, RTL 2, Super RTL, SAT.1, ProSieben, Vox und Kabel 1 kamen auf 62,2%.

Der beliebteste Sender ist bei den Kindern Super RTL mit einem Marktanteil von 18,7%. Danach folgen RTL und RTL2. Betrachtet man nur die Zeit von 6.00 Uhr bis 19 Uhr, so liegt der KI.KA. auf Platz 2.

• **Ansprüche an das Programm**

Wenn Kindern fernsehen, dann haben sie bestimmte Erwartungen, die sich erfüllen müssen, damit aus dem Fernsehkonsum eine befriedigende Beschäftigung wird.

Das Hauptanliegen ist dabei die Überschaubarkeit, Sicherheit und Verlässlichkeit, sowie feste Rahmenbedingungen des Programms. Dazu gehört das Wissen über

---

[14] Beschreibung der Studie: siehe Kapitel 2.1

den Aufbau, den dramaturgischen Ablauf und das spezifische Erzählmuster der Sendung.

Der Aufbau sollte hierbei klar und überschaubar sein und die Spannungsbögen besonders bei kleineren Kindern nicht zu lang, d.h. die Spannung sollte immer mal wieder aufgelöst werden und in Phasen der Entspannung münden. Besonders wichtig ist auch das gute Ende, damit sich die Kinder wieder von der Problematik lösen können und das Gesehene sie nicht langfristig beunruhigt.

Außerdem mögen Kinder ein „überschaubares Personal", also nicht zu viele verschiedene, sondern wenige vertraute Darsteller und bekannte Handlungsorte. Daher kommt auch die Vorliebe für Serien. Besonders für jüngere Kinder ist es wichtig, dass sie erkennen, wer „gut" und wer „böse" ist. Zu komplizierte Persönlichkeiten würden verwirren. Sehr beliebt sind Sendungen mit einem omnipotenten Superhelden, in den Wünsche und Phantasien hineinprojiziert werden können, und einem menschlichen Nebenhelden, mit dem man sich aufgrund seiner Schwächen und Fehler identifizieren kann.

Bei Zeichentrickfilmen lieben kleinere Kinder besonders einen „weichen Zeichenstil", also runde und weiche Formen.

Ein letzter Punkt sind die auditiven Gestaltungselemente. Kinder widmen Geräuschen und Musik sehr viel Aufmerksamkeit, da sie mit möglichst vielen Sinnen das Programm erleben wollen. (vgl. Rogge 1997, S.24-28)

• **Bevorzugte Programmsparten**

In der Studie „Kinder und Medien" (1990) wurden 3 bis 13 jährige Kinder mit einer offenen Fragestellung nach ihren Programmpräferenzen befragt. Hier lagen die Zeichentrickfilme mit 84% in Westdeutschland an erster Stelle. Es folgten Actionprogramme mit 79%, lustige Filme mit 77%, Tiersendungen mit 75% und Quiz- und Showsendungen mit 69%. Ganz am Ende der Beliebtheitsskala lagen mit 14% die Nachrichten und mit 8% Politische Sendungen. (vgl. Horn 1996, S.30)

Bei einer aktuelleren Studie von 2002 (AGF/GfK-Fernsehforschung), die allerdings eine etwas andere Einteilung vornahm, zeigten sich ähnliche Ergebnisse. Hier wurde ermittelt, wie viele Stunden der Gesamtfernsehzeit auf welche Programmsparte entfallen.

Mit 56% lag der Bereich Fiktion an erster Stelle. Innerhalb dieses Bereichs war auch hier der Zeichentrickfilm auf Platz 1, danach folgten Serien, Spannung (Western,

Krimis, Horror) und Komödien. Der Rest der Fernsehzeit entfiel auf die Bereiche Information mit 13%, Unterhaltung mit 12%, Werbung mit 11% und Sport mit 4%. (vgl. Feierabend 2003, S.176-178)

Aus den im vorhergehenden Kapitel erläuterten Gründen lieben besonders Vorschulkinder Trickfilmserien, aber auch Kindersendungen wie die „Sesamstraße" oder die „Sendung mit der Maus". Schon mit Beginn des Grundschulalters nimmt das Interesse an Kindersendungen ab, während das Interesse an Zeichentrickfilmen bis zur Pubertät erhalten bleibt.

Jüngere Grundschulkinder bevorzugen dabei märchenhafte und phantastische Geschichten, mit Guten und Bösen und dem Einsatz von Magie und Zauber. Ab einem Alter von 8 oder 9 Jahren sollten die Geschichten dann etwas realistischer sein. Bevorzugt werden außergewöhnliche Alltagshandlungen und Abenteuergeschichten mit Spannung, Komik und Sprachwitz. Werbung ist ausschließlich bei jüngeren Kindern aufgrund der kurzen Einzelspots sehr beliebt.

Ab einem Alter von 10 Jahren entsteht dann bei den Jungen ein gesteigertes Interesse an Action- und Abenteuerserien. Auch wenn Spannung, Tempo von beiden Geschlechtern erwünscht sind, lehnen Mädchen hingegen Kampf- und Actioninhalte eher ab und bevorzugen Geschichten, in denen es um Alltagsgeschehen, Familie, Freundschaft oder Partnerschaft geht. Sehr beliebt sind daher die Daily Soaps. Comedy und Shows werden von allen gerne konsumiert.

Tier- und Natursendungen werden durchgehend gerne gesehen, wobei sich vor allem jüngere Mädchen für Tiersendungen begeistern.

Für alle Kinder wichtig sind die Protagonisten. Sehen Vorschulkinder noch gerne Tier- und Phantasiewesen, so bevorzugen die älteren reale Menschen.

Insgesamt sehen besonders ältere Kinder gerne *„vielschichtigere Charaktere, die sich mit originellen Ideen und einem umfangreichen Handlungsrepertoire in großen und kleinen Welten Geltung verschaffen. Über die Hälfte der 6- 13 jährigen mag besonders 'liebenswerte Chaoten'"* (Theunert 1995, S. 39), wie etwa Pippi Langstrumpf oder Alf.

Auch wenn Jungen eine Vorliebe für Kämpfer haben, so sollen diese sich jedoch nicht nur mit Gewalt und Kraft durchsetzen, sondern ebenso mit Intelligenz, Raffinesse und Schlagfertigkeit.

Allgemein wenig beliebt sind bei Kindern aller Altersgruppen Nachrichtensendungen. Fast zwei Drittel sehen diese oft mit den Eltern, interessieren sich aber nicht dafür. Das liegt aber hauptsächlich an der nicht kindgemäßen Aufmachung, denn 70% der 7-14% jährigen würden sich mehr Nachrichtensendungen für Kinder wünschen. Aus diesem Grund konsumieren sie dann aber häufig reißerische Magazine wie etwa „RTL-Explosiv". (vgl. Theunert 1995, S.32-40 und Lerchenmüller-Hilse 1998 S.16-18)

- **Wie erfolgt die Programmauswahl?**

Es gibt verschiedene Arten auszuwählen, was man sich im Fernsehen anschaut. Normalerweise haben sogar schon sehr kleine Kinder im Kopf, wann und in welchem Programm ihre Lieblingssendungen kommen. Sie schalten dann gezielt ein.

Andere Kinder hingegen schalten den Apparat einfach ein und zappen sich dann durch die Programme, bis sie etwas Interessantes finden.

Oft wird auch während des Zuschauens umgeschaltet, wenn es langweilig, unverständlich oder zu aufregend wird. Kinder haben hier schon das Verhalten der Erwachsenen übernommen, nur Ausschnitte zu konsumieren, wobei aber die Gefahr besteht, Inhalte zu vermischen. (vgl. Theunert 1995, S.29-32)

Bei einer Studie wurden 532 Kinder zwischen 7 und 12 Jahren telefonisch zu ihrem Fernsehnutzungsverhalten befragt. Es zeigte sich, dass es genau die beschriebenen zwei Nutzertypen gibt:

1. mediumsorientierter Typus
Für diese Kinder sind nicht bestimmte Sendungen sondern das Fernsehen im allgemeinen wichtig. Sie haben einen relativ hohen Fernsehkonsum und suchen einen Zeitvertreib oder Unterhaltung.

2. programmorientierter Typus
Für diese Kinder ist der Informationsgehalt und die Geselligkeit (das gemeinsame Fernsehen) sehr wichtig, weshalb sie auch genau auswählen, welche Programme sie konsumieren, um ihre Bedürfnisse zu befriedigen. Die Fernsehnutzung ist bei dieser Gruppe sehr viel geringer. (vgl. Abelman 2000, S.143-154)

2.2.2 Warum sehen Kinder fern?

Wenn man Kinder fragt, warum sie fernsehen, so antworten die meisten, dass Fernsehen Spaß mache, dass sie unterhalten werden wollen und man etwas lernen kann. Ohne große Mühen und Anstrengungen kann man lachen, sich amüsieren und Spannung erleben. Kinder bekommen einen Einblick in die Welt der Erwachsenen, das Leben von Menschen in anderen Ländern, sie sehen Gegenden und Tiere, die ihnen im wahren Leben nie begegnen würden. Das eigene Blickfeld wird erweitert, ein neuer Erfahrungshorizont wird eröffnet, das Wissen vermehrt. In Medienhelden können Wünsche und Phantasien hineinprojiziert werden, man findet Anregungen zu den Problemen des eigenen Alltags, feste Programme strukturieren den Alltag und legen Zeitrahmen fest. Im Vergleich zu Erwachsenen, die oft aus Erschöpfung vor dem Fernseher sitzen, ist es oft die Neugier, etwas zu verpassen, die Kinder zum Zuschauen verleitet. (vgl. Aufenanger 1996, S.12-14 und Theunert 1995 S. 63-64)

Bei der schon erwähnten Studie „Kinder und Medien 2000" wurden Kinder befragt, in welchen Situationen Fernsehen oder andere Medien (CD, Radio, Bücher, Computer, Video, Handy) wichtig sind. Die Langeweile vertreibt mit 46% am ehesten der Fernseher, auch beim Spaß haben und beim Trost spenden liegt er mit 23% und 21% vorne. Zum Abbau von Ärger und Frust wird der Fernseher zu 14% genutzt und das Zusammensein mit den Eltern ist ebenfalls durch das Fernsehen (49%) geprägt. Egal in welcher Gefühlslage sich der Konsument befindet, der Fernseher ist das wichtigste Medium, bei dem Abhilfe gesucht wird. (Feierabend 2001, S. 349-350)

In einer Österreichischen Studie aus dem Jahr 1992 wurde im Auftrag des Österreichischen Rundfunks ein Marktforschungsinstitut beauftragt, die Mediennutzung der 3-14 jährigen Kinder zu untersuchen. Per Fragebogen wurden die Kinder befragt, warum sie das am Tag zuvor gesehene Programm gewählt hatten. Ein Drittel antwortete „Sehe immer diese Sendung", etwa 18% „Andere schauten auch zu". Weitere wichtige Antworten waren „Sehe regelmäßig um diese Zeit fern" oder „Mir war langweilig". (vgl. Barth 1996, S.67-69) Diese Antworten zeigen, dass viele Kinder aus Langeweile fern sehen, dass aber viele Kinder selbst nicht wirklich begründen können, warum sie etwas schauen, wenn man sie offen antworten lässt.

In einer etwas älteren Untersuchung aus dem Jahr 1972 wurden Aufsätzen zum Thema „Warum ich Fernsehen mag" von 726 Kindern im Alter von 9, 12 und 15 Jahren ausgewertet und eine Rangfolge der Fernsehmotive aufgestellt (vgl. Greenberg in Fischer 2000, S. 57):

1. aus Gewohnheit
2. zum Zeitvertreib
3. wegen der Gemeinschaft
4. zur Anregung
5. zum Lernen
6. zur Entspannung
7. zur Ablenkung

Außer diesen sieben expliziten von den Kindern selbst geäußerten Gründen gibt es nach Fischer (2000) noch weitere implizite Gründe, die sich auf das Erleben und I-dentifikation beziehen und dem Zuschauer nicht direkt bewusst sind. (vgl. Fischer 2000, S.62-66)
Entweder war diese Studie aufgrund der Aufsätze aussagekräftiger oder aber die Aussagen waren aufgrund des höheren Alters der Kinder differenzierter.

Es gibt also wie dargestellt etliche Gründe für Fernsehkonsum. Im folgenden soll versucht werden, diese einzelnen Motive zu sortieren und zu beschreiben.
Fischer (2000) hat die verschiedenen Bedürfnisse beim Fernsehen in vier Kategorien zusammengefasst (vgl. Abbildung 2.2.2 a).

Kategorie	Motive
Information	• Lernen / Wissen
Persönliche Identität	• Fernsehfiguren als Vorbilder / Gefährten • Identifikation mit Fernsehfiguren • von Fernsehfiguren lernen • Auffinden handlungsleitender Themen
Integration und soziale Interaktion	• Nicht allein fühlen • Interaktion mit Eltern • Interaktion mit Freunden • Informationen für das Gespräch (mit Freunden) • Parasoziale Beziehungen zu Fernsehfiguren
Unterhaltung	• Beseitigung von Langeweile • Gewohnheit • Probleme vergessen / Realitätsflucht • Erleben intensiver Gefühle (Spannung) • Entspannung • Verbesserung der Stimmung • Emotionale Entlastung

Abbildung 2.2.2 a : Motive nach Kategorien geordnet (Fischer 2000, S.67)

Bei der Erläuterung der einzelnen Motive soll sich an der Struktur, jedoch nicht inhalt-lich an der Kategorisierung von Fischer orientiert werden.

A) Information

Viele Kinder beantworten die Frage, warum sie fern sehen mit: „Da kann man was lernen". Sicherlich ist dies eine Antwort, von der Kinder wissen, dass sie Erwachse-nen gefällt, dennoch liegt in dieser Antwort ein großes Stück Wahrheit. Kinder sind neugierig und wollen viel erfahren von der Welt. Hierfür nutzen sie alle ihnen zugäng-lichen Quellen. Was die Kinder genau erfahren wollen, ist vom Alter aber auch von ihrem Umfeld abhängig und, inwieweit ihnen andere Möglichkeiten gegeben sind, Wissen vermittelt zu bekommen.

Kleine Kinder sind sehr fixiert auf konkrete Gegenstände und Vorgänge in ihrer Nä-he, sie sind sehr auf sich selbst fixiert und interessieren sich dementsprechend für Hilfen zur Bewältigung ihres eigenen Lebens. Schon ab dem frühen Grundschulalter beginnt jedoch ein Interesse für allgemeine Fakten und Funktionsweisen sowie für das Leben und Verhalten von anderen Menschen an anderen Orten der Welt. Hier geht es um eine Horizonterweiterung über den eigenen Tellerrand hinaus. Die wichtigste Frage ist das „Warum?", mit der Erklärungen für Geschehnisse gefordert werden.

Ältere Kinder streben insbesondere eine Strukturierung und Verknüpfung von Wissen an. Sie interessieren sich auch für die Welt der Erwachsenen und Wissen über globale Zusammenhänge, jedoch weiterhin an einzelne Schicksale gebunden.

Damit Kinder jedoch wirklich aus dem Fernsehen lernen können, müssen sie sich auch Medienwissen aneignen und das Dargebotene verstehen lernen. Dieses Spezialwissen hilft, Trickeffekte zu durchschauen, nicht alles was man sieht zu glauben und die Absichten hinter manchen Sendungen zu erkennen.

Gerade in diesem Zusammenhang, interessieren sich Kinder für die Grenzen zwischen Realität und Phantasie. Sie versuchen die Grenzen der Leistungsfähigkeit des Menschen herauszufinden sowie die Grenzen der Wissenschaft und Technik.

In dieser Hinsicht bietet das Fernsehen den Kindern viele Möglichkeiten. (Theunert 1995, S. 70-77)

B) Orientierungen und persönliche Identität

Kinder suchen im Fernsehen unter anderem Orientierungen für ihren Lebensalltag und ihre Persönlichkeitsentwicklung. Die folgende Tabelle beinhaltet eine Aufschlüsselung dessen, was Kinder im Fernsehen zu finden hoffen:

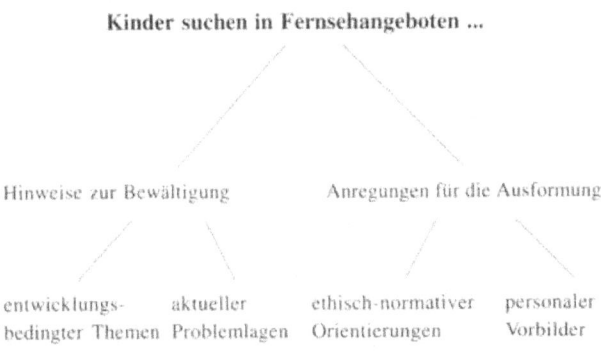

Abbildung 2.2.2 b: Was Kinder in Fernsehangeboten suchen (Theunert 1995, S.67)

Handlungsleitende und entwicklungsbedingteThemen- aktuelle Problemlagen

Kinder richten sich bei der Wahl des Programms sehr stark nach Themen, die sie zum aktuellen Zeitpunkt beschäftigen. Und genau unter dem für sie entscheidenden wichtigen Aspekt nehmen sie dann die Inhalte wahr. Sie suchen dabei nach Hinweisen und Lösungsmöglichkeiten, wie sie mit Problemen umgehen können oder aber erhoffen sich eine Bestätigung für selbst gefundene Bewältigungsstrategien.

Bei jüngeren Kindern handelt es sich zumeist um Probleme mit familiären Bezugspersonen. Sie suchen dann aber oft keine in der Realität einsetzbaren Lösungen, sondern träumen davon, ein Superheld zu sein oder aber zaubern zu können wie Märchenfiguren.

Ältere Kinder hingegen suchen nach echten realitätstauglichen Möglichkeiten, auch insbesondere in Bezug auf Freundschafts- und erste Liebesbeziehungen. (vgl. Lenssen 1996, S.124-125 und Theunert 1995 S.82-84)

Persönlichkeitsentwicklung- personale Vorbilder- Identifikationsfiguren

Kinder beschäftigt die Frage, wie man erwachsen wird, welche Eigenschaften man dazu braucht, wie man sich wohl dann fühlt und was man alles tun darf. Dies sieht man schon z. B. daran, dass sehr viele Kinder in Rollenspielen die Rolle von Erwachsenen übernehmen.

Kinder versuchen, ihre Position in der Familie und im Umgang mit Freunden zu finden und auch zu stärken, sie wollen sich gegenüber den Eltern durchsetzen, ihre Handlungsspielräume erweitern und an Selbstständigkeit gewinnen.

Ebenfalls bedeutend ist die Frage nach der Geschlechteridentität. Was macht einen Jungen aus und was ein Mädchen? Wie unterscheidet sich die Rolle des Mannes von der Rolle der Frau.

Kinder suchen im Fernsehen nach Hinweisen, die ihnen diese Entwicklungsfragen beantworten. Sie suchen einen Einblick in das Leben von Erwachsenen und versuchen herauszufinden, wie sich ein Mann oder eine Frau zu verhalten hat. Gerade ältere Kinder suchen aber auch nach Möglichkeiten, sich von den Erwachsenen abzugrenzen und ihren eigenen Weg zu finden und wollen „alles besser machen". (vgl. Theunert 1995, S.78-82 und Gröbel 1994, S.25)

Hier ergibt sich die Problematik, dass Kinder, die sich zu stark am Fernsehen orientieren,sich falsche oder klischeehafte Rollenbilder aneignen.

Sehr typisch für Kinder und auch Jugendliche ist die Suche nach personalen Vorbildern, also nach Helden, an denen man sich orientieren kann, die Eigenschaften besitzen und Dinge tun, die man erstrebenswert findet.

Sie nehmen beim Fernsehen Rollen- und Handlungsmuster wahr und versuchen herauszufinden, welche dieser Fähigkeiten zu ihrer Persönlichkeit passen.

Diese Heldenfiguren sollten dabei aber nicht allmächtig und fehlerlos sein, sondern auch mit Schwächen ausgestattet und mit Witz und Cleverness ihre Aufgaben bewältigen.

Normalerweise werden bei dieser Suche nach Vorbildern eigene Vorstellungen bestätigt, modifiziert oder erweitert. Wenn ein Idealbild für das Kind nicht existiert, so wird es selbst hergestellt und aus verschiedenen Persönlichkeitsmerkmalen zusammengesetzt, so dass ein facettenreiches, differenziertes Vorbild entsteht. Kinder dichten oft Eigenschaften dazu, wenn ihnen diese bei Fernsehhelden fehlen.

Lebt ein Kind aber sehr isoliert in einer anregungsarmen Umwelt, so fixiert es sich völlig auf die zum Teil sehr simplen, einfach strukturierten Serienhelden und versucht, diese ohne eigene Modifikationen zu imitieren. (vgl. Theunert 1995, S.88-94 und Lenssen 1996, S.126-127)

<u>Werte und Normen (ethisch normative Orientierungen)</u>

Im Laufe ihrer Entwicklung müssen Kinder ein Werte- und Normengefüge aufbauen. Was ist richtig und was falsch? Was darf man und was nicht? Wo liegen die Unterschiede zwischen gesetzlichen Richtlinien und menschlicher Beurteilung? Kinder wollen ihre bereits entwickelten ethischen Maßstäbe im Fernsehen bestätigt wissen oder neue Erkenntnisse bekommen. Verfügt ein Kind bereits über eine fortgeschrittene geistige und sozial-moralische Entwicklung und kann auch mit den Eltern Fragen ausdiskutieren, so bietet das Fernsehen sicherlich Anregungen und führt zu einer differenzierteren Auseinandersetzung mit ethischen Fragestellungen.

Muss jedoch ausschließlich das Fernsehen für die Entwicklung von einem Norm- und Werteverständnis herhalten, so kann es passieren, dass die Kinder sehr klischeehaft geprägt werden oder gewisse Dinge falsch interpretieren. In Filmen werden Probleme oft durch Waffengewalt gelöst, Gewalt wird durch Vernichtung des „Bösen" gerechtfertigt, es gibt oft nur Schwarz-Weiß-Malerei, Minderheiten und alte Menschen tauchen sehr wenig im Fernsehen auf und Frauen sind grundsätzlich gutaussehend. Ist dem Kind also aufgrund einer fehlenden Kommunikation mit z. B. Eltern nicht bewusst, das vieles im Fernsehen fiktiv und simpel strukturiert ist, so können sich falsche oder wenig differenzierte Wertvorstellungen bei den Kindern festsetzen. (Theunert 1995, S. 84-87 und Wilkins 1984, S.34-35)

C) Unterhaltung

Das Fernsehen ist hauptsächlich ein Unterhaltungsmedium. Auch wenn man aus dem Fernsehen Informationen bezieht, so wird es im Gegensatz etwa zu einer Zeitung doch hauptsächlich dazu verwendet, vom Alltag abzuschalten, von Problemen abzulenken, Langeweile zu vertreiben oder einfach um sich zu vergnügen. Das häufigste Argument fürs Fernsehen ist: „...weil es Spaß macht".

Langeweile, Gewohnheit und Entspannung

Langeweile und Gewohnheit sind sehr häufig genannte Gründe, wenn man Kinder befragt, warum sie fernsehen. Langeweile tritt auf, wenn Freizeitalternativen nicht vorhanden sind, wenn Freunde oder die Familie keine Zeit zum Spielen oder etwas unternehmen haben oder wenn Anregungen von Außen und Eigenaktivität fehlen. Die Kinder wählen in diesem Fall das Programm meist sehr desinteressiert und willkürlich aus.

Bei vielen Kindern gehört Fernsehen auch zum Tagesablauf. Beim Essen oder wenn der Vater nach Hause kommt, wird der Apparat eingeschaltet oder aber das Kind geht selbst direkt zum Fernseher und schaltet ohne Nachzudenken ein, wenn es aus der Schule kommt.

Entspannung ist ein Grund, der bei Kindern kaum vorkommt, höchstens um vom Schulalltag Abstand zu gewinnen. (vgl. Theunert 1995, S.65-55 und Fischer 2000, S.204-205)

Eskapismus, Emotionale Entlastung, Stimmungsmanagement

Diese Begriffe beschreiben einen Ausgleich, der im Fernsehkonsum gesucht wird. Die Kinder erzielen so eine Vermeidung oder auch Ablenkung von belastenden Situationen des Alltags. Dies können Konflikte mit den Eltern oder Geschwistern, Streit mit Freunden, Probleme in der Schule aber auch Mangel an Zuwendung und Geborgenheit sowie fehlende Freunde sein. Eskapismus meint eine Flucht vor den anstrengenden Anforderungen des Alltags, dem Kind vielleicht unverständlichen oder nicht zu bewältigenden Lebensumständen in die einfache, leichte schöne Welt des

Fernsehens. Stimmungen können gezielt umgewandelt und ausgeglichen werden, ist man traurig oder wütend, so macht man sich gute Laune mit Hilfe von problemfreien, lustigen Sendungen. (vgl. Theunert 1995, S. 66-67 und Gröbel 1994, S.24-25)

Physiologische Anregung, Erlebnis, Bedürfnisbefriedigung

Dieser Bereich spielt eine sehr wichtige Rolle bei den Motiven für Fernsehkonsum für Zuschauer jeder Altersstufe. Ist der Alltag zu langweilig und physiologisch zu anregungsarm, so holt man sich im Fernsehen die ausgleichende Spannung, um ein seelisches Gleichgewicht herzustellen. Gerade Kinder, die im Gegensatz zu Erwachsenen sehr viel bewegungsfreudiger und interessierter an ihrer Umwelt sind, versuchen so ihre Neugier zu stillen und „Action" zu haben. Das Programm sollte sowohl für Jungen als auch für Mädchen möglichst aufregend, temporeich und witzig sein und die Sinne anregen. Wie intensiv die sensorische Stimulation sein sollte hängt jedoch von der Persönlichkeit des einzelnen Zuschauers ab, wobei Jungen jedoch grundsätzliche ein höhere Reizsuchetendenz haben.

Untersuchungen haben gezeigt, dass es drei unterschiedliche Präferenztypen bei den Inhalten gibt:

1. Anregung durch Risiko (Krimis und Actionfilme); dieser Gruppe sind hauptsächlich Jungen zuzuordnen
2. Anregung durch soziale Ereignisse und Begegnungen (Soaps, Shows und Musik); hier sind eher die Mädchen vertreten
3. Beschäftigung mit intellektuellen und kulturellen Inhalten; nicht geschlechtsspezifisch

Zu der Bedürfnisbefriedigung durch das Fernsehen gehört nicht nur Spannung und Action, sondern auch das Stillen der Angst-Lust[15], wobei diese aber bei Kindern auch immer mit einem Wunsch nach Harmonie verbunden ist, weshalb zwar angsterzeugende Sendungen konsumiert werden, am Ende jedoch alles gut ausgehen sollte. (Theunert 1995, S. 67-70 und Gröbel 1994, S.24-25 und Lenssen 1996, S.125)

---

[15] auf die Angst-Lust wird im Kapitel 3.2.2 noch ausführlicher eingegangen

D) Integration und soziale Interaktion

Diese Gruppe von Motiven hat eine eher untergeordnete Bedeutung. Das noch am häufigsten auftretende Motiv ist das „gemeinsame Fernsehen mit der Familie". In vielen Familien sitzt man abends gemeinsam vor dem Fernseher, besonders am Wochenende werden gerne Shows gesehen. Hier ist das Fernsehen nicht das Handlungsziel sondern auch oft Mittel zum Zweck. Kinder sehen sich oft Dinge an, die sie nicht interessieren oder die nicht geeignet sind, nur um bei den Eltern zu sein oder nicht ins Bett zu müssen. Oft wird auch mit Geschwistern einfach mitgeschaut, besonders auch um mit den älteren mithalten zu können.

Das „Mitreden können" unter Freunden ist ein weiterer Grund. Auch wenn mit Freunden zusammen selten ferngeschaut wird, so sind doch Filme und Fernsehfiguren oft Thema in der Schule. Um nicht zum Außenseiter zu werden, müssen also die gerade aktuellen Serien geschaut werden. Besonders für Jungen und ältere Kinder ist dies ein wichtiges Motiv.

Ein weiterer Grund ist das Alleine-Sein. Sind die Eltern aus dem Haus, so wird der Fernseher eingeschaltet, um das Gefühl vermittelt zu bekommen, dass man nicht alleine ist. Auch als Ersatz für fehlende Geschwister oder Spielgefährten wird der Fernseher eingesetzt. Negative Folgen zeigen sich, wenn zu Figuren aus Serien parasoziale Beziehungen aufgebaut werden und sie als Ersatz für echte Bezugspersonen fungieren. (vgl. Fischer 2000, S.201-203)

2.2.3 Was wollen Kinder aus dem Fernsehen lernen?

Kinder sind im Normalfall wissbegierig und streben nach neuen Erlebnissen und Erkenntnissen. In einer Untersuchung wurden die Interessen von 52 Jungen und Mädchen von 7 bis 12 Jahren ermittelt. Dabei wurden Spiele, Gespräche, visuelle Anreize und kreative Arbeiten eingesetzt, um möglichst aussagekräftige Ergebnisse zu erzielen.

Das Hauptinteresse der Kinder liegt danach bei der Sozialen Umwelt. Natur und Technik spielen aber ebenfalls eine große Rolle. Jungen interessieren sich dabei im allgemeinen mehr für Funktionsweisen von Technischen Geräten und Mädchen eher für soziale Interaktionen. (vgl. Abbildung 2.2.3)

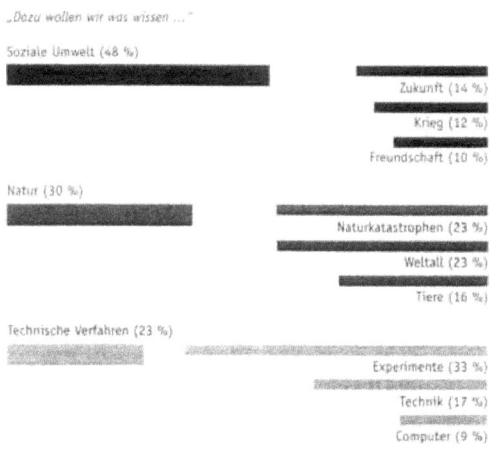

Abbildung 2.2.3 : Was Kinder wissen wollen (Theunert 2001, S.56)

Die wichtigsten Fragen[16], die Kinder dabei beschäftigen sind:

Was habe ich damit zu tun? (25%)

Wie funktioniert das? (14%)

Wie leben andere Menschen (11%)

Wie wende ich das an? (10%)

Was ist das? (9%)

Wieso handeln andere Menschen so? (9%)

Wie sieht die Welt der Tiere aus? (6%)

Besonders beliebte und bekannte Sendungen bei den Kindern sind Löwenzahn in ARD und KIKA (75% Bekanntheitsgrad), Phillips Tierstunde in ARD und KIKA (44%), Welt der Wunder auf ProSieben (42%), ReläXX auf KIKA (33%) und Galileo auf Pro-Sieben (auch ca. 33%).

---

[16] Basis: 141 Nennungen

Bei der Befragung zu den verschiedenen Wissenssendungen konnten die positiven und negativen Urteile der Kinder zwei Kategorien zugeordnet werden. Eine wichtige Ebene ist der Wissensbereich. 20% der Kinder insgesamt und 25% der Grundschulkinder gaben an, dass ihnen Neues zu lernen besonders wichtig ist.

Die anderen Urteile bezogen sich auf Machart und Moderation. Hier lieben die Kinder faszinierende Bilder, gute Effekte, vorgeführte Experimente, anschauliche Demonstrationen, Vor-Ort-Reportagen, sachkundige Moderatoren und Mitmachaktionen. (Theunert/Eggert 2001, S. 47-59)

2.3   Durch welche Faktoren wird der Fernsehkonsum beeinflusst?

Wie viel ein Kind fernsieht und was es dabei präferiert ist von sehr vielen einzelnen Faktoren abhängig, die sich gegenseitig beeinflussen und daher schwer einzeln zu bewerten sind:

- Geschlecht
- Alter
- Anzahl der Fernseher im Haus
- Wohnverhältnisse
- Strukturierung des Alltags
- Freizeitbeschäftigungen
- Stellenwert des Fernsehens in der Familie/ Fernsehverhalten der Eltern
- Sozialer Status der Eltern (Ausbildung und Beruf)
- Fernseherziehung/Restriktionen
- Familienformen
- Schulleistungen

In zahlreichen Untersuchungen wurde herausgefunden, dass Jungen mehr fernsehen als Mädchen, ältere Kinder mehr als jüngere und mehr Fernseher im Haushalt, sowie ein eigener Fernseher im Kinderzimmer die Fernsehzeit erhöhen (vgl. Kapitel 1).

Im Folgenden soll nun hauptsächlich geklärt werden, wie es sich mit dem Einfluss der Familie, sowie dem sozialen Umfeld verhält, Faktoren, deren Einfluss doch recht schwer zu beurteilen ist und bei denen auch Untersuchungen keine absolut sicheren Ergebnisse liefern.

2.3.1 Allgemeine soziale Rahmenbedingungen

Etwa ein Viertel aller Familien lebt heutzutage äußert beengt, während ein Viertel über einen großen Wohnraum verfügt. Die restlichen 50% leben in einem ihrer Familienmitgliederzahl angemessenen Wohnraum. 75% aller Kinder besitzen ein eigenes Kinderzimmer.[17]

Ein beengter Wohnraum, sowie mangelnde ausserhäusige Spielmöglichkeiten in der näheren Umgebung (wie etwa Spielplätze, Wiesen, Garten etc.) haben einen erhöhten Fernsehkonsum zur Folge. Den Kindern mangelt es an Freizeitalternativen, das Fernsehen vertreibt die Langeweile und bietet ihnen zudem eine Möglichkeit, der „Enge" ihrer Welt zu entfliehen.

Auch das Fehlen von Spielkameraden wie Freunden und Geschwistern, sowie das mangelnde Engagement der Eltern den Kindern Freizeitalternativen anzubieten, wirkt sich negativ auf das Fernsehverhalten aus.

Allerdings wurde herausgefunden, dass Kinder, die zu sehr auf ihre Freunde fixiert sind und nicht in der Lage sind, sich alleine zu beschäftigen, gerne auf das Fernsehen zurückgreifen, wenn die Spielgefährten keine Zeit haben.

Für Kinder, sie sich gerne alleine z. B. mit Lesen beschäftigen und kreativen Tätigkeiten nachgehen, ist das Fernsehen eher zweitrangig. Auch Verpflichtungen wie Mitgliedschaft in Vereinen verringern die Fernsehzeit. (vgl. Fischer 2000, S. 44-45 und S.221-224)

2.3.2 Familienformen

Nach Daten aus dem Jahr 1997 sind 50% aller Kinder Einzelkinder, 40% haben ein Geschwister und nur 10% leben in Großfamilien. 19% der Kinder wachsen bei nur einem Elternteil auf (vgl. Fischer 2000, S.44). Diese verschieden Familienformen bedingen ein unterschiedliches Fernsehverhalten.

---

[17] Die Angaben stammen aus dem Jahr 1994 und beziehen sich nur auf westdeutsche Familien

In einer Untersuchung aus dem Jahr 1996 wurden 200 8-9 jährige Kinder sowie deren Eltern mit Hilfe von teilstandardisierten Fragebögen und Interviews nach ihren Fernsehgewohnheiten befragt. Die Teilnehmer wurden dabei in vier festgelegte Familientypen eingeteilt:

1. die Ein-Eltern-Familie
2. die Zwei-Eltern-Familie mit einem Kind
3. die Zwei-Eltern-Familie mit zwei Kindern
4. die Zwei-Eltern-Familien mit mehreren Kindern

Die anderen Variablen wie etwa das Alter der Mutter, die soziale Schicht, die Bildung etc. wurden konstant gehalten.

Es zeigte sich, dass der Umgang mit dem Fernsehen in kleineren Zwei-Eltern-Familien am problemlosesten ist. Die Eltern dieser zwei Gruppen wissen über das Fernsehverhalten ihrer Kinder Bescheid und glauben auch, dass sich ihre Kinder an die von ihnen aufgestellten Regeln halten. Sie beurteilen das Fernsehen recht positiv, sehen auch oft zusammen mit ihren Kindern fern und haben gemeinsame Fernsehvorlieben. Die Kinder werden so beim Sehen von ihren Eltern unterstützt, können über die Inhalte sprechen oder mit ihren Gefühlen bei den Eltern „Schutz" suchen. Das Fernsehen wird in Kleinfamilien oft verwendet, um die Familie zusammenzuführen, also um etwas gemeinsam zu tun.

Problematischer gestaltet sich der Umgang mit dem Fernsehen bei den Großfamilien sowie bei den Ein-Eltern-Familien. Beide verfügen über beschränkte ökonomische Ressourcen, die Wohnverhältnisse sind oft beengt, wenig Freizeitalternativen vorhanden und die Mutter und/oder der Vater haben oft wenig Zeit. Zudem ist die Mutter häufig erschöpft und überfordert, entweder aufgrund des fehlenden Vaters oder aber aufgrund der großen Anzahl von Kindern.

In Großfamilien wird den einzelnen Kindern daher oft nur wenig Aufmerksamkeit gewidmet. Die Kinder sehen oft alleine und ohne Regeln fern.

Bei den Ein-Eltern-Familien sehen die Mütter oft gemeinsam mit ihren Kindern fern, allerdings hauptsächlich, um eine intensive Beziehung zum Kind sowie Nähe während der Sehsituation herzustellen.

Da Alleinerziehende oft nur abends für ihr Kind Zeit haben und sie zudem keinen anderen Fernsehpartner haben, sitzen die Kinder in diesen Familien oft viel zu lange vor dem Fernseher, und schauen sich nicht kindgemäße Sendungen an. (vgl. Hurrelmann, 1996)

2.3.3 Fernsehrestriktionen der Eltern

Einen sehr großen Einfluss hat auch die Fernseherziehung der Eltern. Fast 100% aller Eltern von 9-10jährigen Kindern und immerhin noch 73% der Eltern der 11-12jährigen kontrollieren den Fernsehkonsum ihrer Kinder. 75% der Eltern stellen inhaltliche und zeitliche Regeln für das Fernsehen auf, wobei gebildetere Eltern stärker eingreifen und eher den Konsum zeitlich stark begrenzen als Eltern niedrigerer sozialer Schichten.

Die Fernseherziehung beinhaltet jedoch selten Empfehlungen von Sendungen sondern hauptsächlich Verbote. Inhaltlich dürfen viele Kinder nur Kindersendungen schauen oder aber es besteht ein Verbot von Actionfilmen, Horrorfilmen, Krimis und Reality-TV sowie anderen zu sehr aufregenden Programmen.

In Hinblick auf die Zeit gibt es Eltern, die eine bestimmte Stundenzahl pro Tag oder eine feste Sehzeit festlegen oder aber Eltern, die Fernsehen nur an bestimmten Tagen zulassen.

Im allgemeinen wird so der Fernsehkonsum der Kinder stark reglementiert, wobei viele Kinder versuchen, die Verbote zu umgehen, indem sie bei Freunden oder Großeltern sowie heimlich schauen. (vgl. Fischer 2000, S.45-47 und 218-221)

2.3.4 Vorbildfunktion der Eltern

Die Restriktionen der Eltern schränken den Fernsehkonsum zwar ein, haben aber wenig Einfluss auf die Einstellung des Kindes zum Fernsehen. Viel wichtiger für den eigenverantwortlichen Umgang mit dem Medium ist die Vorbildfunktion der Eltern.

Kinder entwickeln oft ähnliche Vorlieben und Verhaltensweisen wie die Eltern, was man in Bezug auf das Medienverhalten schon daran sieht, dass 30% aller Kinder den gleichen Lieblingssender haben wie ein Elternteil. Auch die Vorliebe für öffentlich-rechtliche oder für private Sender ist oft übereinstimmend.

Hat die Mutter einen hohen Fernsehkonsum, so ist meist auch der des Kindes erhöht. Auch ein abendliches gemeinsames Fernsehen mit der Familie führt zu einer
Gewöhnung und Integration des Mediums in den Alltag. (vg. Fischer 2000, S.
47-49)

Interessant ist die große Kluft zwischen dem Nutzungsgrad der Eltern und ihrer me-
dienkritischen Einschätzung. Ein Großteil der Eltern steht dem Fernsehen als Frei-
zeitbeschäftigung für ihre Kinder äußerst ablehnend gegenüber. Dennoch verbringen
Erwachsene weitaus mehr Zeit mit Fernsehen als Kinder. Eltern sollten also vor dem
Aufstellen und Durchsetzen von Regeln zunächst ihr eigenes Verhalten überdenken.
(Schönenberg 1996, S.114-115)

2.3.5 Herkunftsmilieu (Sozialer Status)

In einer Studie aus dem Jahr 2000 wurde anhand von AGF/GfK-Daten versucht herauszufinden, inwieweit die Milieuzugehörigkeit das Fernsehverhalten von Kindern
beeinflusst.

Zum Einteilen der Familien in verschiedene soziale Gruppen wurde das Sinus-Milieu-
Modell verwendet, das zwischen zwölf verschiedenen Milieus unterscheidet. Dabei
werden die Menschen einmal nach ihrer sozialen Lage (Unterschicht bis Oberschicht) eingeteilt und zum anderen nach ihrer Lebensweise und Lebensauffassung
sortiert (von einer konservativen Grundorientierung über eine materielle Grundorientierung bis hin zu einer Genuss- und Erlebnismentalität)[18].

Es wurden 1771 Kinder im Alter von 3-13 Jahren sowie deren Familien in die Untersuchung mit einbezogen.

Die Ergebnisse führten zu der Feststellung, dass das Milieu in dem die Kinder aufwachsen einen erheblichen Einfluss auf ihr Fernsehverhalten hat und dass die Nut-
zungszeit der Eltern mit der der Kinder korreliert.

In Bezug auf die Fernsehdauer wurde herausgefunden, dass Unterschichtkinder
deutlich mehr Zeit vor dem Fernseher verbringen als Kinder der Mittel- und Oberschicht. Ebenso findet sich in den konservativen bzw. materiell orientierten Milieus im
Gegensatz zu den sehr modern orientierten Milieus eine hohe Fernsehnutzungsdau-

---

[18] vgl hierzu: Hierzu Nowak, Dorothea (2000): Die Sinus-Milieus im Fernsehpanel, Heidelberg

er. Die Begründung liegt darin, dass Menschen der moderneren, erlebnisorientierten Milieus ihre Freizeit aktiver gestalten und mehr Zeit außer Haus verbringen.

Bei der Frage nach den präferierten Programmen zeigte sich, dass Kinder aus den moderneren Mittel- und Unterschichtsmilieus im Gegensatz zur traditionellen Mittelschicht und dem etwas moderner orientierten intellektuellen Milieu am wenigsten die öffentlich-rechtlichen Sender nutzen und am meisten die kleineren privaten Sender. Die großen Privatsender werden von allen Schichten eingeschaltet. Das liegt darin begründet, dass die traditionsbewussten sowie die intellektuellen Familien sich eher für informelle Sendungen begeistern, während die anderen eher Unterhaltungs- und Fiktionssendungen bevorzugen.

Kinder aus dem intellektuellen Milieu, das in der modernen Oberschicht angesiedelt ist, weisen den geringsten Fernsehkonsum auf und konsumieren bevorzugt Kinderprogramme. Kinder aus traditionellen, gehobenen Milieus sehen bevorzugt sehr reizarme langsame, reale Geschichten. Dies lässt sich wahrscheinlich durch eine Beeinflussung durch die Eltern begründen.

Bei den niedrigeren sozialen Schichten verbringen die Kinder viel Zeit gemeinsam mir ihren Eltern vor dem Fernseher, da Fernsehen hier als gemeinschaftliches Erlebnis verstanden wird. In den modern eingestellten Familien, in denen Werte wie Freiheit und Selbstbestimmung zählen, sind die Kinder vor dem Fernseher oft sich selbst überlassen. (vgl. Kuchenbuch 2003, S.2-11)

Die vorab beschriebene Studie beweist, dass das Fernsehverhalten abhängig ist von dem sozialen Milieu und dass Kinder sehr stark von der Vorbildfunktion ihrer Eltern beeinflusst werden und somit ihr Fernsehverhalten in das gleiche schichtspezifische Verhalten einzuordnen ist wie das ihrer Eltern.

Eine in Belgien durchgeführte Studie zeigte aber auch, dass viele andere Faktoren in das Fernsehverhalten hineinspielen und sogar so große Auswirkungen zeigen, dass Bildung und Beruf der Eltern als Faktoren nicht mehr relevant sind, wenn die anderen Variablen mit einbezogen werden.

Es sollte natürlich betont werden, dass die von Kuchenbuch veröffentlichte Studie nicht nur die soziale Schicht einbezogen hatte, sondern auch die Lebenseinstellung und die Ergebnisse somit aussagekräftiger werden.

An der belgischen Studie von Roe (2000) nahmen 890 Kinder im Alter von 10 und 11 Jahren, die verschiedenen Schulformen besuchten, und ihre Eltern teil. Die Kinder wurden nach ihrer Fernsehnutzungsdauer und ihren Senderpräferenzen sowie die Eltern nach ihrem Bildungsstand und ihrem Beruf befragt. Dabei versucht man Beziehungen zwischen dem Bildungsstand der Mutter und dem Beruf des Vaters sowie dem Fernsehkonsum der Kinder herzustellen.

Zwischen dem Bildungsgrad der Mutter und der Fernsehzeit der Kinder ergab sich ein linearer Zusammenhang: Je höher der Bildungsstand der Mutter, desto geringer war der Fernsehkonsum. (vgl. Abbildung 2.3.5 a) Außerdem bevorzugten die Kinder der gebildeteren Mütter eher öffentlich-rechtliche Sender.

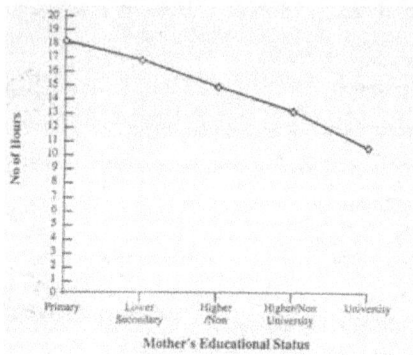

Abbildung 2.3.5 a: Anzahl der Fernsehstunden der Kinder pro Woche im Zusammenhang mit dem Bildungsstand der Mutter.(Roe 2000, S.7)

Im Hinblick auf den Beruf des Vaters zeigte sich, das der Fernsehkonsum abnahm, je anspruchsvoller der Beruf des Vaters war, dass die Sehzeit jedoch wieder anstieg bei Kindern mit Vätern in ganz hohen Positionen. (vgl. Abbildung 2.3.5. b)

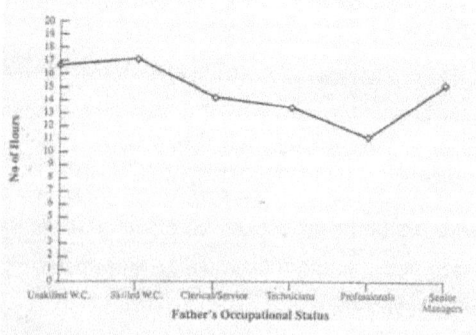

Abbildung 2.3.5 b: Anzahl der Fernsehstunden der Kinder pro Woche im Zusammenhang mit dem Beruf des Vaters. (Roe 2000, S.7)

Auch in dieser Studie wurde also zunächst ein Zusammenhang zwischen sozialem Status und Fernsehverhalten der Kinder nachgewiesen.

In einem weiteren Schritt wurden allerdings andere Variablen mit einbezogen, von denen man bereits wusste, dass sie einen großen Einfluss haben: das Geschlecht, die Anzahl der Fernsehgeräte, die Schulleistungen der Kinder und das Fernsehverhalten der Eltern.

Nach einer Analyse und Auswertung kam man zu dem Ergebnis, dass nach Einbezug der anderen Variablen die Bedeutung des Berufes des Vaters und des Bildungsstandes der Mutter keinen signifikanten Einfluss mehr besaßen.

Die mit Abstand am größten Auswirkungen hatte das Fernsehverhalten der Eltern, wobei dieses natürlich wieder abhängig sein könnte vom Sozialstatus der Eltern.

Abschließend lässt sich festhalten, dass die soziale Zugehörigkeit eher indirekt Einfluss nimmt und wiederum bedingt wird durch die Umfeldbedingungen und das Vorbildverhalten der Eltern. (Roe 2000, S.3-18)

2.4   Verständnis der Fernsehinhalte

Ob und vor allem wie Kinder Fernsehinhalte verstehen, hängt von zahlreichen Faktoren ab. Ganz wesentlich ist dabei der kognitive Entwicklungszustand des Kindes, der hauptsächlich vom Alter ebenso aber auch vom gesellschaftlichen Hintergrund, Unterschieden im Wissen und persönlichen Erfahrungen abhängig ist. Weitere Einflussgrößen sind die Programminhalte sowie deren formale Gestaltung.

Das Fernsehen zu verstehen ist nicht so einfach, wie es einem Erwachsenen auf den ersten Blick erscheint. Man muss in der Lage sein, aufgrund formaler und inhaltlicher Merkmale das Genre zu erkennen, sowie festzumachen, ob das, was einem präsentiert wird, Realität oder Fiktion ist.

Bei Filmen ist es ausschlaggebend, den Aufbau der Szenen sowie die Verknüpfung der einzelnen Handlungsstränge nachvollziehen zu können, um dem Gesamthandlungsablauf folgen zu können. Äußerungen und Verhalten von Figuren müssen mit Hintergründen, Motiven des Handelns und der Folgen verknüpft werden, um die Charaktere zu durchschauen. Das erfordert viel Hintergrundwissen und Fernseherfahrung, Dinge, die Kindern noch fehlen und die sie erst erlernen müssen.

Einiges wird Kindern erst verständlich, wenn sie einen bestimmten geistigen Entwicklungsstand erreicht haben, da helfen auch keine noch so ausführlichen Erklärungs-
versuche der Eltern. (vgl. Entwicklungsstufen des Menschen, Kapitel 2.4.1)

2.4.1 Kognitive, soziale und moralische Entwicklung des Kindes

Wenn es um die kognitive Entwicklung des Menschen geht, so wird diese meist nach
den Erkenntnissen Piagets beschrieben. Auch wenn einige Wissenschaftler mittlerweile der Ansicht sind, dass Piaget in seinem Modell den Kindern das reflektive Denken zu sehr abspricht, so sind die Grundzüge des Modells noch immer aktuell.
Nach Piaget durchläuft das Kind vier Phasen[19], passt sich dabei der Umwelt an oder
macht diese passend zu seinen inneren Strukturen[20].

Das Denken von Kleinkindern ist zunächst an unmittelbare Anschauungen, Bewegungen und Handlungen gebunden. Das Kind versteht nur, was es selbst sieht und
selbst anfassen und ausprobieren kann. Es ist völlig Ich-bezogen, sieht sich als Mit-
telpunkt der Welt und handelt auch in sozialer Hinsicht egozentrisch. Es kennt nur
die eigene Gefühlswelt, ist nicht in der Lage sich in andere hineinzuversetzen. Insofern versteht es bei anderen auch nur Gefühlsäußerungen, die es von sich selbst her
kennt.
In moralischer Hinsicht gelten für das Kind die Regeln der Autoritätspersonen. Außerdem beurteilt es Handlungen und Konflikte nur nach dem jeweiligen Ergeb-
nis/Ausgang, nicht nach der Absicht/Ursache der Handlung.[21]
Wird ein Kind älter, verlagert sich die subjektive Zentrierung des Kindes in Richtung
einer objektiveren Betrachtungsweise der Dinge. Das Kind ist auch in der Lage,
Denkprozesse losgelöst von konkreten Gegenständen oder Dingen durchzuführen.
Es konzentriert sich zunehmend nicht mehr nur auf sich selbst, sondern übt sich
durch Wechselbeziehungen zu Gleichaltrigen in den Regeln des sozialen Verhaltens.
Zunächst orientiert es sich dabei an den Normensystemen der Gruppe der Gleichalt-
rigen und sieht Gerechtigkeit als eine Form von Gleichheit an.

---

[19] die sensomotorische, die präoperationale, die konkret-operationale und die formal-operationale
[20] Assimilation und Akkomodation
[21] Ein versehentliches Kaputtmachen von **drei** Tassen, würde ein Kleinkind schlimmer beurteilen (bzw. härter
bestrafen), als ein absichtliches Zerschlagen von **einer** Tasse, da es nur das Resultat „kaputte Tassen" beachtet,
nicht jedoch die Ursache. (vgl. Rydin 1984, S. 169)

Bereits ab dem Grundschulalter sind die meisten Kinder in der Lage, Handlungsfolgen vorherzusehen und zu erkennen, dass andere Menschen andere Gefühle und Vorstellungen haben. Die Kinder lernen Reaktionen von anderen einzuschätzen und vorherzusehen. Dennoch ist ein Grundschulkind noch sehr auf sich selbst, sein direktes Umfeld konzentriert und lernt hauptsächlich durch konkrete Erfahrungen.

Ab einem Alter von etwa 11 Jahren bezieht das Kind bei Urteilen persönliche Umstände mit ein und reflektiert über Motive und Hintergründe von Handlungen. Es ist in der Lage abstrakte Zusammenhänge zu erkennen und in sozialer Hinsicht zu einem Perspektivenwechsel fähig. (Theunert1995, S. 50-60 und Fischer 2000, S. 50-52)

2.4.2 Fernsehverständnis in Abhängigkeit von der Altersstufe

Diese beschriebenen Entwicklungsphasen haben einen entscheidenden Einfluss auf das Verständnis des Fernsehprogramms, das im folgenden noch ausführlicher in Hinsicht auf die unterschiedlichen Altersstufen beschrieben wird.

Kleinkinder

Kinder unter zwei Jahren widmen dem Fernsehen von sich aus kaum Aufmerksamkeit. Allerdings fängt das Kind an, auf Fernsehen zu reagieren, wenn es den ständigen Blick seiner Mutter zum Bildschirm wahrnimmt. Es zeigt dann aber hauptsächlich Reaktionen auf Musik und Geräusche.

Ab einem Alter von etwa zwei Jahren beginnt das Kind, aus eigener Motivation sich einzelnen Bildern oder Sequenzen zuzuwenden. In diesem frühen Alter kann man beobachten, dass Kinder auf dem Bildschirm gezeigte Dinge versuchen anzufassen, oder dass sie hinter den Fernseher schauen, um zu ergründen, wo sich die Personen befinden. Etwas ältere Kinder glauben zwar nicht mehr, dass sich die gezeigten Dinge in dem Fernsehgerät befinden, sind aber dennoch der Meinung, dass alles Gesehene real ist, also dass sich die Darsteller bei Schlägereien verletzen oder etwa, dass diese sich in den Werbepausen ausruhen können. Sie haben also noch kein Verständnis dafür, was Fernsehen eigentlich ist. (vgl. Aufenanger 1996, S. 23-24 und Corset 1984, S. 185)

Kindergartenkinder

Da Kinder in diesem Alter, wie bereits beschrieben, eine egozentrische Weltsicht haben, schauen sie auch dementsprechend fern. Sie registrieren nur Sequenzen, die sie in ihre Erfahrungswelt einordnen können, die sie schon selbst erlebt haben oder mit vorhandenem Wissen in Beziehung setzen können. Sie erfassen dabei nur einzelne Szenen, sind also nicht in der Lage, komplizierte längere Handlungsabläufe zu verstehen und konzentrieren sich auf Details oder Nebensächlichkeiten. Die Kinder sind nicht in der Lage für die Gesamthandlung wichtiges von Unwichtigem zu unterscheiden, Zeitsprünge und Rückblenden verstehen sie nicht.

Bittet man Kinder einen Film nachzuerzählen so reihen sie einzelne Szenen mit „und-dann" Verbindungen aneinander. (vgl. Lerchenmüller-Hilse 1998, S. 20-21 und Theunert 1995, S. 50-52)

Bei einem Experiment wurden zwei Gruppen von Kindern im Alter von 4-6 Jahren Filme gezeigt. Bei einer Version war der Handlungsablauf logisch aufgebaut, bei der anderen waren die gleichen Szenen wahllos aneinandergereiht. Es zeigte sich, dass beide Gruppen Probleme hatten, der Handlung zu folgen, dass beim Nacherzählen Schluss und Anfang durcheinander gebracht wurden, auch wenn die Kinder die zeitlich richtige Version gesehen hatten. Die Kinder, die die durchgemischten Szenen geschaut hatten, bemerkten nicht, dass ein Zusammenhang fehlt. (Rydin 1984, S.161)

Auch die Trennung von Realität und Fiktion klappt in dieser Altersgruppe nicht wirklich[22]. Kindergartenkinder sind kaum fähig, verschiedene Arten von Programmen zu unterscheiden. Lediglich Zeichentrickfiguren werden als unecht erkannt.

Beurteilt werden Sendungen hauptsächlich nach den agierenden Personen und den Umgebungen. Dabei konzentrieren sich die Kinder hauptsächlich auf das Aussehen, die Handlungen und die Auswirkungen des Handelns, Absichten werden meist noch nicht erkannt. Die Kinder können lediglich „gut" und „böse" auseinanderhalten, was ihnen durch eine aussagekräftige Optik der Figuren erleichtert wird. Gefühle der Fernsehfiguren sind meist nur schwer nachzuvollziehen und aufgrund ihres egozentrischen Weltbildes beurteilen Kinder stets nur nach ihren eigenen Maßstäben. So

---

[22] Kinder dieser Altersgruppe glauben meist auch noch, dass Geister, Monster, der Osterhase oder der Weihnachtsmann existieren

erscheint es merkwürdig, dass ein Kind etwa über eine Szene lacht, in der jemand erschossen wird und umfällt, da dieses Umfallen das Kind vielleicht an einen Clown im Zirkus erinnert, das Kind aber anfängt zu weinen, wenn ein Erwachsener nichts Erschreckendes erkennen kann. Sieht das Kind etwas, das es an eine eigene negative Erfahrung erinnert, so ist das aufwühlender als etwas unbegreifliches, wie etwa Kriegsszenen in den Nachrichten.

Eine sehr geeignete Sendung für Kinder dieser Altersgruppe ist zum Beispiel die „Sendung mit der Maus", da hier die einzelnen Sequenzen sehr kurz und einfach in der Handlung sowie unabhängig voneinander sind und an die Erfahrungen des Kindes angeknüpft wird.(vgl. Fischer 2000, S. 54 und Lerchenmüller-Hilse 1998, S. 20-21 und Theunert 1995, S. 52-53)

Grundschulkinder

Spätestens ab dem achten Lebensjahr können Kinder verschiedene Genres aufgrund von formalen Merkmalen unterscheiden, sie können zwischen Serien, Spielfilmen, Shows und Nachrichten unterscheiden und relativ sicher erkennen, was Realität ist und was Fiktion. Lediglich Reality-TV und sehr realistische Spielfilmen bereiteten ihnen noch Probleme bei der Einordnung. Die Kinder wissen, dass Zeichentrickfilme nicht real sind und nehmen das Gezeigte demnach auch nicht ernst. Nachrichten mit Umweltkatastrophen und Toten sowie reißerische Nachrichtenmagazine wie „Explosiv" ängstigen die Kinder hingegen sehr. Da sie noch immer Bezüge zu ihrem eigenen Umfeld herstellen und das Gesehene in ihre Lebenswelt einbetten, stellen sich Kinder dieser Altersgruppe oft vor, wie es wäre, wenn ihnen oder ihrer Familie ein gesehenes Unglück zustoßen würde.

Grundschulkinder sind bereits in der Lage, einfache Erzählmuster und Handlungsabläufe zu verstehen, fehlende Sequenzen gedanklich zu ergänzen, Szenen miteinander zu verknüpfen, auch wenn ihre Nacherzählungen von Filmen meist noch immer auf dem „und-dann"-Schema basieren und sie sich sehr an Einzelheiten aufhalten.

Dennoch können sich Kinder dieses Alters schon in Personen hineinversetzen, logische Schlussfolgerungen ziehen, Handlungsabläufe vorhersehen, Hintergründe und Kontext mit einbeziehen sowie filmische Mittel wie Rückblenden und Ausblendungen für Ortswechsel verstehen.

Die Kinder konzentrieren sich immer noch stark auf die Akteure, wobei das Ausse-hen und die konkreten Handlungen in den Hintergrund treten, und Charakter, Verhal-ten sowie soziale Beziehungen in den Blickpunkt des Interesses rücken.

Absichten, Motive, Gefühle und Handlungen werden verknüpft. Sehr viel Wert wird gelegt auf eine realistische Darstellung, Nähe zu persönlichen Problemen aber auch auf eine ästhetisch und filmtechnisch ansprechende Darstellung.

Aufgrund ihrer schon fortgeschrittenen Fernsehkompetenz haben die Kinder auch bereits erste Schutzmechanismen entwickelt, die sie vor zu großen emotionalen Be-unruhigungen bewahren.(vgl. Theunert 1995, S. 54-58 und Lerchenmüller-Hilse 1998, S. 22-23 und Rogge 1997, S. 73-74)

Ältere Schulkinder

Ab einem Alter von etwa 11 Jahren können Kinder abstrakte Zusammenhänge ver-stehen und haben ein eigenes Werte- und Moralverständnis entwickelt. Sie können die Perspektiven von mehreren Personen gegenüberstellen und gegeneinander ab-wägen. Insbesondere Motive und diese beeinflussende Faktoren werden erkannt.

Die Kinder interessieren sich nicht mehr nur für Dinge, die einen direkten Bezug zu ihrem Leben haben, sondern wollen globale Zusammenhänge verstehen und suchen Orientierungen für Gegenwart und auch Zukunft. Sie haben im Grunde fast die Denkweise eines Erwachsenen erreicht.

Genre und Realitätsgehalt von Sendungen können eindeutig festgemacht werden. Die Fernsehinhalte werden vollständig verstanden, können, ohne sich dabei in Ein-zelheiten zu verlieren, logisch nacherzählt und reflektiert werden.

Außerdem besteht ein Wissen über Effekte und Tricks, sowie Bedeutung, Wirkung und Absichten von Fernsehinhalten und Werbung.

Dennoch ist das Fernsehverständnis und der Umgang mit diesem Medium noch nicht mit dem eines Erwachsenen zu vergleichen. Kinder dieses Alters können sich noch immer nicht ausreichend emotional von den Inhalten distanzieren und haben meist noch wenig Verständnis für Symbolik und Ironie. (vgl. Theunert 1995, S. 59-62 und Lerchenmüller-Hilse 1998, S. 23 und Rogge 1997, S. 74)

Im Anschluss werden diese Entwicklungsstufen noch einmal mit Hilfe einer Tabelle zusammengefasst:

Alter	kognitive Fähigkeiten	sozial-moralische Fähigkeiten	fernsehbezogene Fähigkeiten
3-6	Denken ist an den unmittelbaren Augenschein gebunden.	Beziehungen werden nur egozentrisch betrachtet.	Ausschnitte und Personen werden aufgenommen, wenn ein Bezug zum eigenen Ich entdeckt wird.
6-10	An konkreten Beispielen werden verschiedene Aspekte gedanklich verbunden und Handlungsfolgen abgeschätzt.	Situationsbezogen wird zunächst die Sichtweise eines direkten Gegenübers nachvollzogen. Allmählich gelingt es, sich selbst aus der Warte des Gegenübers zu beurteilen.	Inhalte und Personen mit Bezug zur eigenen Lebenswelt werden in größeren Handlungskontexten verortet, zunächst in Episoden, dann in Geschichten. Sendungen werden zunehmend differenziert betrachtet.
10-13	Abstrakte Zusammenhänge werden begriffen und können verallgemeinert werden.	Verschiedene Sichtweisen von mehreren Menschen werden realisiert und können gleichzeitig koordiniert werden. Beziehungen können auch distanziert beobachtet werden.	Rezeption ist gebunden an eigene Interessen, die über die unmittelbare Lebenswelt hinausreichen. Die formalen, dramaturgischen und inhaltlichen Dimensionen des Fernsehverständnisses werden ausgeformt.

Abbildung 2.4.2 : Entwicklungsverlauf der kognitiven, sozial-moralischen und fernsehbezogenen Fähigkeiten (Theunert 1995, S. 49)

3 Auswirkungen auf die Gesundheit

Wie bereits dargestellt, ist Fernsehen eine sehr beliebte Freizeitbeschäftigung unserer heutigen Gesellschaft, in die schon Kinder viel Zeit investieren.
Was aber macht der hohe Fernsehkonsum mit den Kindern? Kann man einem Kind ansehen, es an seinem Verhalten und Aussehen erkennen, ob es viel fern sieht?
Das karikierte Bild vom trägen Kind, das unbeweglich und übergewichtig im Fernsehsessel hängt, Cola trinkt, Chips in sich hineinstopft, völlig abgestumpft auf den Bildschirm starrt und in der Schule unkonzentriert und lustlos ist - ist dieses Bild die Wirklichkeit?

In diesem Kapitel soll geklärt werden, ob zu viel Fernsehen körperlich krank macht, die Kinder am Bewegen hindert und so zu „motorischen Krüppeln" macht.
Des Weiteren stellt sich die Frage, wie die Bilder- und Informationsflut auf die Seele von Kindern wirkt. Ist das Fernsehen schuld an der Zunahme der Zahl der Kinder mit Aufmerksamkeitsstörungen und an dem Anstieg von Gewalt unter Kindern und Jugendlichen. Was passiert, wenn Kinder schon in jungem Alter mit Krimis, Horrorfilmen und schlimmen Bildern in den Nachrichten konfrontiert werden? Wird ihnen dadurch ein unbeschwerte Kindheit genommen oder sind unsere Kinder sogar schlauer und selbstbewusster, indem die Kluft zwischen Erwachsenen und Kindern verkleinert wird?
Ein weiteres wichtiges Themenfeld sind die Schulleistungen, die Sprachentwicklung und die Frage, ob das Buch noch mit dem Fernsehen konkurrieren kann.
Und was ist mit dem Sprichwort: "Von zu viel Fernsehen bekommt man ´quadratische Augen´ "? Ist das nur ein Witz, oder schadet das Starren auf schnell wechselnde Bilder unserem Sehvermögen?
All diese Auswirkungen auf die seelische, kognitive, emotionale und körperliche Entwicklung sowie das Verhalten von Kindern werden im folgenden Kapitel analysiert und dargestellt.

3.1 Abläufe während des Fernsehkonsums

Bevor die langfristigen Auswirkungen des Fernsehkonsums betrachtet und analysiert werden, soll zunächst einmal ein kurzer Überblick darüber gegeben werden, was eigentlich während des Fernsehschauens mit dem Betrachter passiert.

Verhält sich das Kind passiv oder aktiv, wirkt es aufgedreht oder befindet es sich in einer Art Dämmerzustand? Und wie verhält es sich mit der Aufmerksamkeit?

Der Fernseher macht unseren Blick starr, er stellt ganz andere Anforderungen an unser Auge als das Betrachten der echten Umgebung. Quattrochotti beschreibt dieses Phänomen: *„Auf dem Bildschirm ist gar kein Bild: Was wir sehen, sind 300 000 Lichtpünktchen, die in rasender Geschwindigkeit an- und ausgehen, und das Dunkel zum Leben erwecken. Was wir als Bild wahrnehmen, existiert in Wirklichkeit gar nicht zu dem jeweiligem Zeitpunkt: es baut sich ständig in schwindelerregendem Tempo auf. Eine optische Illusion, bestehend aus scheinbarem Licht, scheinbaren Formen, scheinbaren Bewegungen, wie von einer Geisterwelt erschaffen."* (Quadrochotti 1994, S.7)

Dies ist natürlich eine etwas überzogene Beschreibung, aber es stellt sich die Frage, ob das menschliche Auge dieser Bilderflut gewachsen ist und wie sich das frühe Fernsehen auf die visuelle Entwicklung des Menschen auswirkt.

3.1.1 Visuelle Leistungen und der Einfluss auf das Sehvermögen

Während des Fernsehens ist das menschliche Auge völlig unnatürlichen Einflüssen ausgesetzt: *„Das Gesichtsfeld wird eingeengt, die Akkomodation der Augen auf verschiedene Sehentfernungen kommt zum Stillstand, die Zahl der Saccaden (ruckartige Suchbewegungen des Auges) sinkt und die Pupillenweite verringert sich"* (Schiffer 2003, S. 983) Aber schaden diese Bedingungen dem Sehvermögen?

In einem Tierexperiment wurden Katzen während ihrer sensitiven Phase[23] einer Umgebung ausgesetzt, in der sie nur vertikale Streifen sehen konnten.

---

[23] Während dieser Phase, die einige Wochen nach der Geburt eintritt, sind die Anzahl der Neuronen, die Anzahl ihrer Verbindungen und die Reaktionen auf visuelle Reize durch Umwelteinflüsse veränderbar. Auch wenn der Mensch diese Phase nicht hat, so ist das Experiment doch nach Meinung von Wissenschaftern auf den Menschen übertragbar. (vgl. Werth 2002, S. 127-128)

Ihr Sehvermögen ist dann später hauptsächlich auf vertikale Linien ausgerichtet. Wenn die Tiere allerdings nur wenige Stunden in dieser Phase einer normalen Umwelt ausgesetzt waren, so entwickelte sich ihr Sehvermögen völlig normal.

Eine weitere interessante Entdeckung wurde bei einem Kind gemacht, das bis zum Alter von 5 Jahren in einer Sekte aufwuchs. Ihm wurden täglich die Augen verbunden, oder aber das Kind befand sich in einem abgedunkelten Zimmer.

Bei einer Augenuntersuchung wurde festgestellt, dass das Kind hellere Lichtreize benötigte, um diese wahrzunehmen, und dass die Sehschärfe reduziert war. Nach 6 Wochen mit normalen Seherfahrungen aber befanden sich sämtliche Werte wieder im Normalbereich.

Auch wenn sich die Nervenzellen, die für das Sehen zuständig sind, bei einem Kind in den ersten Jahren vermehren, sich die Sehschärfe verbessert und das Gesichtsfeld ausdehnt, so zeigen die oben genannten Erkenntnisse, dass Fernsehen wahrscheinlich keine negativen Auswirkungen auf die visuelle Entwicklung hat. Das Gehirn ist in der Lage, die schlechten und unnatürlichen Einflüsse beim Zuschauen auszugleichen, wenn normale Seherfahrungen gegeben sind. (vgl. Werth 2002, S. 127-128)

3.1.2 Visuelle und auditive Wahrnehmung und Aufmerksamkeit

Die Aufmerksamkeit und das Verhalten beim Fernsehschauen ist in einem starken Maße abhängig vom Alter des Zuschauers, der Art des Programms und dem Verständnis des Dargebotenen. Durch alle Altersgruppen hindurch ist es aber keinesfalls so, dass der Zuschauer ununterbrochen gebannt auf den Bildschirm starrt.

Mit Hilfe von verschiedenen Testverfahren[24] wurde die Aufmerksamkeit untersucht. Dabei zeigte sich, dass Menschen aller Altersgruppen während des Fernsehens oft anderen Beschäftigungen nachgehen oder aber der Fernseher läuft, ohne beachtet

---

[24] Hier einige Untersuchungsmethoden: 1.)Beobachter registrieren per Knopfdruck, wann der Zuschauer zum Bildschirm blickt und wann er weg schaut 2.)Den Zuschauern wurden nach dem Konsum eines Programms Fragen zum Inhalt gestellt (Verständnis- und Wiedererkennungstests) 3.) Das Bild oder der Ton wurden während des Zuschauens verschlechtert und konnten vom Zuschauer nur per Knopfdruck wieder normal eingestellt werden 4.) Messen von physiologischen Reaktionen 6.) Wohnzimmer wurden per Kamera überwacht und das Sehverhalten aufgezeichnet 5.) Kindern wurden in Laborversuchen Filme gezeigt, wobei sie sich einmal in einem relativ leeren Raum befanden und einmal Spielsachen vorhanden waren

zu werden. Auch wenn jemand mit Interesse zuschaut, so wandert sein Blick häufig vom Bildschirm weg.

Es wurde festgestellt, dass Kinder erst ab einem Alter von etwa 2,8 Jahren in der Lage sind, zusammenhängend fern zu sehen, auch wenn schon früher ab und zu ein Blick auf das Fernsehgerät geworfen wird.

Grundsätzlich sind kleinere Kinder beim Fernsehen weniger aufmerksam als ältere Kinder. Bis zu einem Alter von 10 Jahren beträgt die visuelle Aufmerksamkeit durchschnittlich 52,2%[25], am größten ist sie mit 86,5% bei Kinderprogrammen. Im Alter von 11 bis 19 Jahren liegt die Aufmerksamkeit bei 68,8% während sie im Erwachsenenalter wieder auf 65,3% zurückgeht. Am größten ist die Aufmerksamkeit im Alter von etwa 6-12 Jahren. Besonders stark ist der Anstieg zwischen 12 Monaten und 4 Jahren (von 12% auf 54%). Die folgende Tabelle zeigt diese Ergebnisse noch etwas differenzierter:

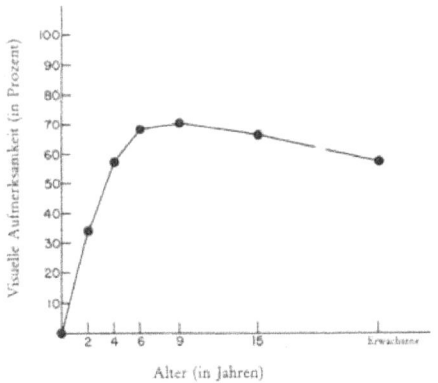

Abbildung 3.1.2 a : Prozentwerte für visuelle Aufmerksamkeit beim Fernsehen in Abhängigkeit von der Altersstufe (Die Daten basieren auf Beobachtungen von 208 Kindern und 127 Erwachsenen, die jeweils 10 Tage lang in der häuslichen Umgebung der Versuchspersonen stattfanden) (Anderson 1984, S.66)

---

[25] prozentuale Sehzeit, die Verweilzeit entspricht 100%

Eine interessante Beobachtung ist die Aufmerksamkeitsträgheit. Sie besagt, dass die Aufmerksamkeit umso wahrscheinlicher bestehen bleibt, je länger man schon aufmerksam ist. Man wird also weniger anfällig für Ablenkungen. Umgekehrt hingegen wird es immer unwahrscheinlicher, dass die Aufmerksamkeit zum Programm zurückkehrt, je länger man sich mit etwas anderem beschäftigt hat. (vgl. Anderson 1984, S. 53-89)

Eine Erregung der Aufmerksamkeit bei Kindern erfolgt speziell durch Darstellungsmittel wie lebhafte Musik, Toneffekte, Kinderstimmen, häufige Sprecherwechsel und ungewohnte Geräusche, durch visuelle Spezialeffekte, häufigen Wechsel von Szenen und Figuren und Aktion oder ein hohes Maß an physischer Aktivität innerhalb des Programms. Kleinere Kinder reagieren dabei stärker auf auffällige Formelemente, weniger auf Inhalte. (vgl. Rice 1984, S. 27-31)

Insgesamt reagieren Kinder mehr auf akkustische als auf visuelle Reize. (vgl. Groebel 1996, S. 8)

Ein weiterer sehr wichtiger Aspekt in Bezug auf die Aufmerksamkeit ist das Verständnis des Dargebotenen. Bei einem Experiment zeigte man Kindern eine Sendung und variierte in mehreren Durchgängen die Verfügbarkeit von Spielzeug und Ablenkungsmöglichkeiten. Es zeigte sich, dass das Verständnis nicht erhöht wurde in den Gruppen ohne Ablenkungsmöglichkeiten.

Man sah diesen Versuch als Beweis, dass die Aufmerksamkeit von der Verständlichkeit abhängig ist und nicht die Aufmerksamkeit das Verstehen beeinflusst.

Am größten ist die Aufmerksamkeit, wenn das Dargebotene die Kinder herausfordert aber nicht zu kompliziert ist. (vgl. Abbildung 3.1.2. b)

Weitere ausführliche Ergebnisse von Untersuchungen sind nachzulesen bei Rice (1984) und Andersen (1984).

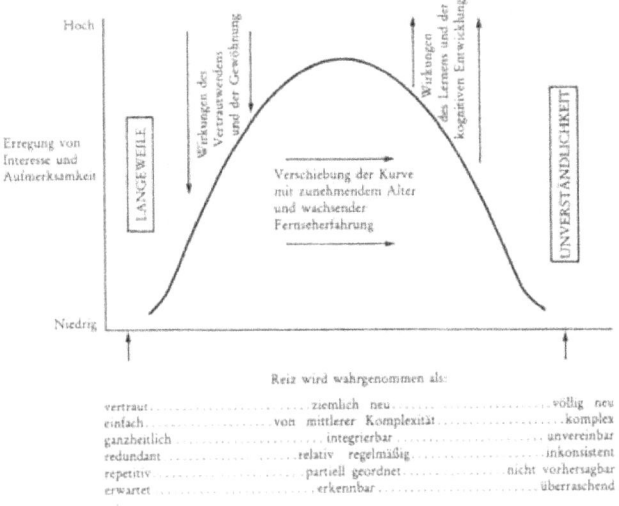

Abbildung 3.1.2 b: Abhängigkeit der Aufmerksamkeit vom Verständnis der Programminhalte (Rice 1984, S.34)

3.2 Langfristige psychische Auswirkungen des Fernsehkonsums

Fernsehen erzeugt Emotionen und ruft Emotionen beim Zuschauer hervor.

Im Gegensatz zum echten Leben gibt es im Fernsehen sogar noch etliche zusätzli-
che Möglichkeiten zur Vermittlung von Emotionen wie etwa Musik, Tempo, das Ne-
beneinander von Szenen, Rückblenden, Spezialeffekte, Metaphern und Symbole.

Aus diesem Grund lieben die Menschen das Fernsehen, es bietet Gefühle auf
Knopfdruck, es bringt einen zum Lachen, zum Weinen oder zum Nachdenken, ver-
setzt einen in Erregung und Spannung, es entreißt einen der manchmal alltäglichen
Langeweile, es vermittelt das Gefühl von Spaß und bringt Ablenkung von Problemen,
es beschert einem sogar quasi-soziale Erlebnisse und ist somit manchmal ein Ersatz für direkte soziale Interaktion.

Aber genau in all diesen Funktionen, die eine Bereicherung darstellen, liegt auch eine Gefahr. Es ist festgestellt worden, dass Kinder die weniger befriedigende Beziehungen zu anderen Kindern haben, sich mehr und mehr zurückziehen und sich mit

Fernsehen ablenken oder sich so befriedigende Erlebnisse beschaffen. Hier entsteht ein Teufelskreis, der Kinder zunehmend isolieren kann, ohne dass dies anfänglich bewusst wird, da das Fernsehen einem ja Schein-Erlebnisse und Freunde vorgaukelt. (vgl. Dorr 1984, S.93-97)

Mit Hilfe der Fernbedienung kann man sich von realen Gefühlen ablenken und sich bewusst für die Erzeugung von bestimmten Gefühlen entscheiden. Das Kind kann so sein eigenes Empfinden manipulieren und seine Gefühle steuern, bevor es überhaupt seine eigene Gefühlswelt herausgebildet hat. (vgl. Jörg 1994, S.30)

In diesem Kapitel soll es nun um die Frage gehen, ob Fernsehen Kindern dabei helfen kann, die Welt der Gefühle zu entdecken und mit eigenen Gefühlen umzugehen lernen oder ob das Fernsehen Kinder in ihrer emotionalen Entwicklung behindert.

Das Hauptthema ist hierbei der Zusammenhang zwischen Fernsehen und Angst. Werden kindliche Ängste durch Fernseh-Horror verstärkt oder härtet der Konsum von angstauslösenden Sendungen ab?

3.2.1 Emotionen und Fernsehen

Kinder müssen den Umgang mit Emotionen, d.h. den Ausdruck der eigenen Emotionen und die Deutung der Emotionen von anderen im Laufe ihrer Kindheit erlernen.

Sehr kleine Kinder unterscheiden im Grunde nur zwischen Freude und Kummer, also zwischen froh und traurig. Ältere Vorschulkinder können schließlich auch Ärger, Überraschung und Furcht an dem Verhalten und der Mimik ihres Gegenübers erkennen. Zur Wahrnehmung von komplexen Emotionen wie Abscheu, Verachtung, Scham und Schuldgefühl sind erst ältere Kindern ab 8 Jahren in der Lage.

Dementsprechend ist auch das Verständnis von Fernsehhandlungen je nach Alter sehr unterschiedlich.

Zunächst werden Gefühle an Worten, Gestik, Körperhaltung und Mimik festgemacht, später an Folgen einer Handlung, und schließlich auch an der Ausgangssituation. Zuletzt erfolgt ein Verstehen von Symbolen und Metaphern.

Einige Wissenschaftler sind der Meinung, dass das Fernsehen Kindern dabei helfen kann, Fähigkeiten zur Wahrnehmung und zum Verständnis von Emotionen zu entwickeln. Die Kinder lernen dabei die Bezeichnungen für Gefühle, wie man spezielle Gefühle erkennen kann, dass es in jeder Kultur Normen und Regeln für Gefühlsäußerungen gibt, sie erfahren, dass auf bestimmte Ereignisse bestimmte Emotionen folgen können, und dass man auch Gefühlsäußerungen vortäuschen kann. Natürlich ersetzt das Fernsehen nicht das Lernen in der Interaktion mit „echten" Menschen, dennoch können die Kinder so Zusatzerfahrungen machen, die im realen Leben vielleicht in der Form nicht auftreten.(vgl. Dorr 1984, S.93-123)

Weiterhin gibt es einige Untersuchungen, die für eine Verstärkung von Emotionen als langfristige Folge von Fernsehkonsum sprechen. Durch Stimuli können den Kindern Reaktionen regelrecht antrainiert werden, sie zeigen dann spezielle Reaktionen auf bestimmte Reize, sie sprechen häufiger über Gefühle oder äußern diese eher gegenüber anderen Menschen.

Im Gegensatz dazu kann aber auch eine Abschwächung von Emotionen erfolgen, so kann den Kindern mit Hilfe von Fernsehdarstellungen etwa die Angst vor Tieren oder vor dem Zahnarzt genommen werden, wenn sie im Fernsehen erfahren, dass ihre Ängste unbegründet sind. (vgl. Dorr 1984, S. 126-129)

Im Jahr 2000 führten Myrtek und Scharff (2000) mit einer Forschungsgruppe für Physiologie eine sehr aufwändige Untersuchung mit 100 Schülern im Alter von 11 und 15 Jahren durch, bei der über einen längeren Zeitraum mit Hilfe eines tragbaren EKGs und zwei Bewegungssensoren an Kopf und Oberschenkeln die momentane körperliche Aktivität sowie die emotionale Belastung der Kinder ermittelt werden konnte.[26]

Bei dieser Untersuchung wurde festgestellt, dass die emotionale Erhöhung der Herzfrequenz bei Vielsehern beim Fernsehen deutlich niedriger war, als bei Kindern die seltener fernsahen. Daraus lässt sich schließen, dass häufiges Fernsehen zu einer Abstumpfung gegenüber den dargebotenen Handlungen führt. Es zeigte sich jedoch, dass gerade die Vielseher in der Schule hingegen emotional stärker beansprucht waren und die Schule als belastender empfanden.

Myrtek und Scharff vermuten, dass das Fernsehen für die Vielseher aufgrund des Gewöhnungseffekts weniger anstrengend ist und ihnen als Ausgleich für die schulische Belastung dient. Für Wenigseher hingegen ist Fernsehen anstrengend und wirkt nicht entspannend.

---

[26] Aus den beiden variablen „Herzfrequenz" und „Bewegung" konnte die körperliche Aktivität (viel Bewegung +hoher Puls) sowie die emotional-mentale Aktivität (keine Bewegung+ hoher Puls) abgeleitet werden.(vgl. Spitzer 2003)

All diese Ergebnisse zeigen, dass mit großer Sicherheit davon ausgegangen werden kann, dass Fernsehkonsum einen Einfluss auf die Gefühlswelt von Kindern hat. Ob die Kinder jedoch den Umgang mit Gefühlen erlernen, dabei abstumpfen oder aber belastet werden, kann dabei nicht eindeutig festgestellt werden.

Im folgenden Abschnitt sollen nun die Auswirkungen in Bezug auf das Thema „Angst" genauer analysiert werden.

3.2.2 Macht Fernsehen ängstlich?

Einschlafstörungen, Bettnässen, Alpträume, das Einbilden von Gespenstern, die in Schränken oder unter dem Bett sitzen, die Angst vor Einbrechern und Naturkatastrophen - für all diese Probleme wird oft das Fernsehen verantwortlich gemacht: Nachrichtensendungen für Erwachsene, Horrorfilme, Reportagen, Sendungen, die nicht für Kinder gemacht sind, aber trotzdem von diesen konsumiert werden.
Andererseits lieben Kinder aber auch Dinge, die Ihnen Angst machen, sie fahren gerne Geisterbahn, interessieren sich für gefährliche Tiere und Dinosaurier, verkleiden sich als Hexen, Monster oder Gespenster und spielen mit Waffen.
Schon lange bevor es das Fernsehen gab, wurden Kinder z. B. in Form von Märchen mit schrecklichen, brutalen Geschehnissen konfrontiert. In fast allen Märchen geht es um Morde, Hexen, böse Zauberer, ja sogar um Kannibalismus[27] und die Handlung wird meistens sogar sehr detailliert und grausam beschrieben. Warum also soll nun gerade das Fernsehen für die Ängste der Kinder verantwortlich gemacht werden?

Im Rahmen einer Untersuchung wurden 6-8-jährige Kinder danach befragt, wie sie sich beim und nach dem Fernsehen oder Videoschauen gefühlt haben.
Sie gaben an, *„dass ihnen heiß geworden ist (42,9%), ihr Herz wild geschlagen hat (34,6%), sie aus dem Zimmer gelaufen sind (26,8%), sie nicht schlafen konnten (47,1%), sie nachts geschrieen oder geweint haben (21,5%)"* (Glogauer 1998, S.138).

---

[27] In „Schneewittchen" etwa bittet die böse Königin und Stiefmutter den Jäger Schneewittchens Innereien als Zeichen für ihren Tod zu besorgen, um diese dann verspeisen zu können.

In einer holländischen Studie aus dem Jahr 2000 wurden 314 Kinder zwischen sieben und zwölf Jahren per Telefon befragt, ob und wie häufig sie beim Fernsehen Angst empfinden.

31% der Kinder sagten aus, in letzter Zeit Angst empfunden zu haben, insbesondere bei realistisch präsentierter Gewalt in Form von Morden und Verbrechen, sowie bei Unglücksfällen und Katastrophen und der Dokumentation von Krieg und Leid. Weniger Angst verursachten Fantasiefiguren wie Monster und Geister (vgl. Valkenburg 2000, S.82-99).

Um diese Untersuchungsergebnisse interpretieren und beurteilen zu können, soll zunächst das Phänomen Angst bei Kindern genauer betrachtet werden.

Kindliche Ängste

Angst gehört zu den Grundgefühlen eines Menschen. Ohne Angst wäre ein Mensch nicht überlebensfähig, denn Angst ist sinnvoll und unentbehrlich, sie schützt einen vor Gefahren, vor unüberlegten Handlungen und vor anderen Menschen. Angst in einem angemessenen Maße spornt an und motiviert, sie kann aber auch einschüchternd und hemmend wirken, wenn sie zu groß ist.

Verlust- und Trennungsängste kommen sogar schon beim Neugeborenen vor. Bei Kleinkindern kommen dann schon bald weitere Realängste hinzu, wie die Angst vor Dunkelheit, vor Unwettern, fremden Personen, großen Höhen usw.

Neben diesen wichtigen Realängsten entstehen aber auch irreale Ängste, die der Phantasie entspringen wie die Ängste vor Ungeheuern und Gespenstern. Sie werden oft verwendet um diffuse Ängste an ein Objekt zu koppeln und damit greifbarer zu machen. Zuletzt kommen dann noch die sozialen Ängste hinzu, die sich aus dem familiären und schulischen Umfeld ergeben.

All diese Ängste sind Zeichen einer normalen kindlichen Entwicklung, gebunden an Reifungsprozesse und Lebensphasen. Ein Entwicklungsfortschritt, also die Entdeckung vom etwas Neuem, Unbekanntem geht oft mit Unsicherheit einher. Das Kind pendelt zwischen der Angst vor Trennung und der Sehnsucht nach Selbstständigkeit und Unanhängigkeit.

Man kann Kinder nicht vor allen Gefahren des Lebens bewahren und ihnen so die Ängste nehmen. Wichtig ist es, dass die Ängste nicht überhand nehmen und dass ein Kind lernt, sich damit auseinander zu setzen, auch unangenehme Gefühle zu ertragen, damit zu leben oder sie schöpferisch zu bewältigen. (vgl. Rogge1997, S.83-93)

Ängste beim Fernsehen

Rogge (1997) hat in einer Studie 500 Kinder zwischen vier und elf Jahren zeichnen lassen, was ihnen beim Fernsehen Angst macht. Daraus hat sich folgende Liste ergeben:

1. Ungeheuer, Gespenster, Halbwesen, Monster; imaginäre Räuber, Mörder, Einbrecher
2. Tiere, Fabelwesen
3. Laute und plötzliche heftige und unvorhergesehene Geräusche, Stimmen und Musik
4. Katastrophen, Feuer, Wasser, Krieg, Unglücke
5. Soziale Ängste, Realerfahrungen, Streit, Übertragung filmisch inszenierter Situationen auf die eigene Realität, die unfreiwillige Begegnung mit eigenen Erfahrungen
6. Konfliktsituationen der Hauptfigur, Mitfühlen und Mitleiden mit der Identifikationsfigur
7. Allein- und verlassensein
8. Alp- und Angstträume, ineinander von Phantasie und Realität
9. Furcht bei anderen
10. Neue unbekannte Situationen, fremde Menschen
11. Tod
12. Alleinsein, fehlende Geborgenheit während des Sehens
13. Schmerz, Verletzung
14. Gewitter

Rogge hat des Weiteren auch eine Untersuchung durchgeführt, bei der eine Rangfolge der allgemeinen Ängste von Kindern aufgestellt wurde. Es zeigt sich, dass auf dieser Liste mit kleinen Abweichungen die gleichen Ängste zu finden sind, die durch das Fernsehen entstehen.(vgl. Rogge 1997, S.93-95)

Dies könnte zum einen bedeuten, dass die Kinder heutzutage schon so stark vom Fernsehen beeinflusst sind, es könnte aber auch andererseits darauf hinweisen, dass Kinder gewisse Grundängste haben, die vorhanden sind und u.a. beim Fernsehen wiederentdeckt werden, genauso aber auch in der Phantasie der Kinder auftauchen.

Was Kinder im Einzelnen ängstigt, hängt vom Entwicklungsstand des Kindes und der persönlichen Situation ab. Angst beim Fernsehen kann entstehen durch Erinnerung an eigene Probleme, Wünsche und Ziele die nicht erreichbar oder nicht mit dem aktuellen Situation in der Familie oder dem Freundeskreis harmonieren. In diesem Fall könnte das Fernsehen sogar bei der Problembearbeitung helfen.
Oft bedient sich das Programm aber auch medieninszenierten Urängsten wie der Angst vor dem Feuer oder der Dunkelheit. Es ist gerade für Eltern sehr schwer festzumachen, was Kinder ängstigt, da Erwachsene und Kinder ein anderes Angstempfinden haben. Etwas so unbegreifliches wie etwa der Tod ist für kleinere Kinder viel weniger erschreckend als Situationen, mit denen sich Kinder identifizieren können.

Jüngere Kinder erschrecken meist durch visuelle Darstellungen (Monster u.ä.), Trickeffekte oder Geräusche und Musik. Ältere Kinder reagieren sehr stark auf Schmerz, Verletzungen und Vernichtung. In ihrer Phantasie übertragen sie Katastrophen auf ihr eigenes Leben, stellen sich vor, dass auch sie selbst in einer schrecklichen Situation sein könnten, oder dass den Eltern etwas wiederfährt. Kinder haben noch keine ausreichenden Distanzierungstechniken erlernt und sind oft intellektuell überfordert von dem was sie sehen (vgl. Rogge 1997, S.95-97).
Im Gegensatz zu vorgelesenen Geschichten wirkt ein Film sehr viel realitätsnäher. Ein vorgelesenes Märchen wird leicht als Phantasiehandlung erkannt, eine detailgenaue und naturgetreue Darstellung im Fernsehen jedoch wirkt so echt, dass sich Kinder nicht distanzieren können und so eher Bedrohung empfinden. (vgl. Bachmair 2001, S. 134-135)
Manch ein Kind hat in seinem Kinderzimmer einen eigenen Fernseher und statt dem Kuscheln mit den Eltern oder dem Vorlesen einer Geschichte ist es der Fernseher, der das Kind mit Spätprogrammen „in den Schlaf wiegt", und so die hervorgerufenen Ängste unreflektiert lässt.

Lust an der Angst

Wie schon bereits erwähnt, gibt es sowohl bei Kindern als auch bei Erwachsenen eine Lust an der Angst. Man könnte meinen, dass Kinder ein Programm ausschalten, wenn es sie erschreckt. Aber wir alle kennen eine Freude am Nervenkitzel, das erhebende Gefühl, eine Situation überstanden zu haben, vor der man Angst hatte. Genauso lieben es Kinder, Filme zu sehen, die sie mit Angst erfüllen, sie betteln die Eltern an, einen Horrorfilm sehen zu dürfen oder schauen sich mit Freunden heimlich einen Gruselfilm an.

Die Kinder zeigen hierbei meist auffällige Symptome: der Blutdruck steigt, die Kinder erröten, bekommen feuchte Hände, werden unsicher, halten sich Augen und Ohren zu, verkrampfen oder erstarren, stöhnen, schreien, suchen Nähe und Geborgenheit, lutschen an den Fingern oder kauen Nägel, hüpfen oder hampeln herum, kommentieren „cool" die Handlung oder gehen einer Nebentätigkeit nach.

Nach durchgestandener Angst folgt das Gefühl von Stolz, das Erlebte überstanden zu haben. Das Kind weiß aber von vorneherein über den Ablauf des Erregungsbogens Bescheid. Nur das Wissen, dass sie nicht wirklich in Gefahr sind, dass die Anspannung vorüber gehen wird, macht das Angsterlebnis zu einem Lusterlebnis. Sehr gerne sehen sich Kinder auch Szenen immer wieder und wieder an, bis sie keine Angst mehr verspüren. Wichtig hierbei ist allerdings, dass sich das Kind freiwillig der emotional verunsichernden Situation aussetzt, dass eine direkte objektive Gefahr vorhanden ist, die das Kind festmachen kann und dass auf einen guten Ausgang vertraut werden kann. Sind diese Vorraussetzungen gegeben besteht keine Gefahr für die kindliche Entwicklung.

Negative Folgen auf die Gefühlswelt ergeben sich dann jedoch, wenn der Spannungsbogen nicht abflacht, also kein Happy End folgt und besonders wenn das Kind unfreiwillig dem Programm ausgesetzt wird, d.h. wenn das Kind nur Fern sieht, weil es bei den Eltern sein möchte oder weil die Eltern zum Essen Nachrichten schauen möchte. (vgl. Rogge 1997, S.96-101 und Bachmeir 2001, S.117)

Umgang mit Fernsehängsten

In der Welt des Kindes gibt es viele Ängste, egal ob mit oder ohne Fernsehkonsum. Im Fernsehen jedoch werden Kinder oft mit fiktionalen Ängsten konfrontiert, die keinen Bezug zu ihrem wirklichen Leben haben, oder aber mit Dingen, die sie nicht verstehen[28], wo ihnen Erklärungsmöglichkeiten fehlen und die sie daher nicht verarbeiten können. Diese Ängste können sich dann verfestigen und bleiben über längere zeit bestehen.

Außerdem können Ängste aktiviert werden, die dem Kind noch nicht bewusst waren oder die verdrängt wurden. Insbesondere auf Kinder mit wenig Selbstvertauen oder ernsthaften psychischen und emotionalen Problemen, sowie Kinder mit fehlender Geborgenheit und Unterstützung durch die Eltern kann das Fernsehen daher sehr negative Auswirkungen haben.

Dennoch kann und sollte man Kindern nicht grundsätzlich erschreckende Sendungen verbieten. Dass Kinder in der Lage sind, Strategien zur Angstbewältigung zu entwickeln, zeigt die bereits erwähnte holländische Studie (vgl. Kapitel 3.2.2 , S. 53). Bei der Befragung der Kinder zeigte sich, dass Kinder hauptsächlich kognitive Strategien verwenden, um Ängste beim Fernsehen zu bewältigen. Das heißt, das Kind sagt sich, dass das Geschehen nicht real ist oder dass alles gut ausgehen wird. Am zweithäufigsten ist die physische Intervention, die Wegsehen und Augenzuhalten beinhaltet. Dann gibt es noch die Flucht, also das Verlassen des Zimmers, das Ausschalten oder ein Programmwechsel und als weitere Möglichkeit das Suchen von sozialer Unterstützung, also Suchen von Nähe bei den Eltern, Reden mit Eltern oder Freunden. (vgl. Valkenburg 2000, S. 82-99)

Das Fernsehen kann Kindern also auch positiv bei der Entwicklung von Bewältigungsstrategien gegen Ängste helfen. Es fordert die Kinder heraus, regt sie zu einem schöpferischen Umgang mit ihren Ängsten an. Manche Kinder verwenden das Fernsehen um ihren Ängsten eine Gestalt oder einen Namen zu geben oder nutzen es als Hilfe, um ihre Ängste zu inszenieren.

Die Kinder sollten sich allerdings immer freiwillig der Angstsituation aussetzen und die Eltern sollten darauf achten, dass das Kind nicht überfordert wird und dass es möglichst ein Happy End gibt. Wenn ein Kind Nachrichtensendungen ansieht, sollten die Eltern auf jeden Fall dem Kind die Möglichkeit geben, darüber mit ihnen zu sprechen oder nachzufragen, so dass es das Erlebte verarbeiten kann. Es sollte also nicht darum gehen, das Kind von angsterzeugendem Fernsehen fernzuhalten, sondern es zu einem angemessenen Umgang mit dem Medium zu erziehen, ihm Rück-

---

[28] Gerade kleinere Kinder sind noch nicht in der Lage eine Handlungsabfolge zu verstehen und betrachten Einzelszenen isoliert.

halt und Sicherheit sowie immer die Möglichkeit zum Gespräch zu geben. (vgl. Rogge 96-104 und Bachmair 2001, S. 117-121)

„Eltern, die die Angst-Lust nicht als Symbol betrachten, statt dessen ein Ringelreihen als Alternative zum kleinen Vampir ansehen und dann enttäuscht sind, wenn Kinder mit Unverständnis reagieren, tragen– unbewusst- zur alleinigen medialen Befriedigung der Angst-Lust bei". (Rogge 2001, S.104)

3.3 Langfristige Auswirkungen auf die kognitive Entwicklung

Wer kennt ihn nicht den Ausspruch: „Fernsehen macht dumm und stumpfsinnig"? Wenn Kinder schlechte Leistungen in der Schule zeigen, besonders im Deutschunterricht, wenn Kinder kein Interesse haben am Schulstoff und nur unter Zwang mal ein Buch zur Hand nehmen, wird die Ursache oft im Medienkonsum gesucht. Kinder, die viel fernsehen sind an schnelle Wechsel von Reizen und häufige Spannungsmomente gewöhnt.

Der Schulunterricht ist für sie daher langweilig und unterfordert ihre Aufmerksamkeit. Sie können sich nicht mehr konzentrieren, können nicht mehr zuhören oder beobachten und schalten viel zu schnell geistig ab. Lesen ist ihnen zu mühsam, die Informationsaufnahme viel zu langsam, denn sie sind ja einen einfachen Fast-Food-Informations-Konsum durch das Fernsehen gewohnt.

Eine Lehrerin beschreibt das Verhalten ihrer Schüler folgendermaßen: *„(...)...als sei ihr Zentralnervensystem an das Vorabendprogramm des Fernsehens angeschlossen: Ihr schulisches Verhalten ist ein Reflex auf Schnitte, Cliff-Hanger und Zapping. Sie sind nervös, können sich nicht konzentrieren, bedürfen immer neuer Reize, Stimulation und Sensationen, können nicht mit sich allein sein, behalten nichts und strengen sich auch nicht an."* (Klinger 1996, S.113)

In diesem Kapitel soll der Frage nachgegangen werden, inwieweit sich Fernsehkonsum auf die geistige Entwicklung von Kindern auswirkt.

Lernen Kinder vom Fernsehen, eignen sie sich über dieses Medium Wissen an, erweitert Fernsehen ihren Wortschatz oder führt Fernsehen zu einer Sprachlosigkeit, zu einer Unfähigkeit sich zu artikulieren? Wie sieht es aus mit der Sprachentwicklung und der Lesekompetenz?

„Lesen ist eine universelle Kulturtechnik und ermöglicht die Teilhabe am sozialen und kulturellen Leben einer modernen Gesellschaft" (Artelt 2001 ,S.78)

Verhindert der hohe Fernsehkonsum eine umfassende und ausreichende Lesesozialisation, die auch in unserer heutigen Gesellschaft die Grundlage jeglichen Erfolgs im Leben ist? Und wie sieht es insgesamt mit den Schulleistungen der Kinder aus?

3.3.1 Einfluss auf das Vorstellungsvermögen

Wenn ein Kind ein Buch vorgelesen bekommt oder selbst ein Buch liest, so verlangt dies nach einer Vorstellung von den Geschehnissen im Kopf. Es muss sich ein geistiges Bild von den Figuren machen, im Kopf eine Kulisse konstruieren. Die individuelle Vorstellungskraft wird permanent angeregt und trainiert. Es wird geübt, sich in fremde Gedanken, Motive für Handlungen und Entscheidungen hineinzuversetzen.

Auch wenn zum Teil behauptet wird, dass Fernsehen die Phantasie anregt, weil man mit Unbekanntem und Neuem konfrontiert wird (vgl. Wilkins 1986, S.26), so ist beim Fernsehen doch alles vorgegeben. Man muss nur noch konsumieren, kaum mehr mitdenken.

„Die Aneignung von Vorstellungen zu Sachen, Situationen, Handlungen, Zuständen und Beweggründen, sozialen oder unsozialen Einstellungen ist ein Effekt des Lesens, ein wichtiger anderer die Ausbildung der Vorstellungskraft als geistige Fähigkeit." (Glogauer 1998, S. 34)

Diese Fähigkeiten braucht man jedoch im Leben, um Situationen richtig einschätzen und zukünftige Handlungen vorausplanen zu können. Im Geiste in die Vergangenheit und Zukunft reisen zu können, ist ein wesentliches Merkmal, das den Menschen vom Tier unterscheidet und diese wesentliche Fähigkeit verkümmert durch zu hohen Fernsehkonsum. (vgl. Glogauer 1998, S. 34-35)

3.3.2 Wissen Fernsehkinder mehr?

Das Fernsehprogramm überhäuft den Zuschauer mit geballten Informationen in einer viel größeren Menge und Geschwindigkeit als es ein Buch vermag. Aber sind Kinder in der Lage, diese Informationen zu verarbeiten und sinnvoll in ihr Leben zu integrieren?

Im Jahr 2000 wurde ein kleiner Junge berühmt, der in der Sendung „Wetten dass..." 151 Figuren der Pokémons die richtigen Steckbriefe zuordnen konnte. Man muss dazu erwähnen, dass in diesem Jahr oft mehr als die Hälfte der fernsehenden Kinder am Nachmittag die Pokémons auf RTL2 schaute. (vgl. Bachmeier, 2001, S. 155) In diesem Fall kann man sich fragen, ob das Wissen, dass sich die Kinder durch das Fernsehprogramm aneignen, überhaupt nützlich ist.

Durch das Fernsehen strömen zudem zahlreiche Informationen auf die Kinder ein, von denen viele an sich nur für Erwachsene bestimmt sind.
Untersuchungen zufolge verlagert sich der Fernsehkonsum immer weiter in die Abendstunden (vgl. Gleich 2002, S.103) Aber insbesondere ein eigener Fernseher im Kinderzimmer verführt dazu, noch zu später Stunde einzuschalten und es besteht die Gefahr einer Konfrontation mit unangemessenen Inhalten.
Ein Lehrer beschreibt die Folgen: *„Sie reden vom Bumsen, Schwulsein und Die-Welt-in-die-Luft-sprengen und all diese Themen sind mit TV-Jargon durchsetzt. Die kleineren Kinder verstehen kaum, was sie da sagen und die älteren Kinder so scheint es mir, wissen schon viel zu früh die Bedeutung von Worten und Themen, deren Erklärung man besser auf einen späteren Zeitpunkt ihres Lebens aufschieben sollte."* (Wilkins 1986, S.31)
Neil Postman sieht in dieser Entwicklung die Gefahr des „Verschwindens der Kindheit". Seiner Ansicht nach ist es genau die Menge an Wissen und Informationen, die Kinder von Erwachsenen unterscheidet. Diese Kluft wird jedoch in zunehmendem Maße durch die Medien aufgehoben. (vgl. Postman,1990, S.101)

Eine Studie belegt, dass das Fernsehen für Kinder und Jugendliche eine wichtige Informationsquelle darstellt, wenn es um Themen wie Sexualität und zwischenmenschliche Beziehungen geht, Themen, die in der Schule und im Elternhaus oft nicht genügend angesprochen werden. (vgl. Gleich 2002, S.103)
Fraglich ist hier nur, ob die Informationen nicht ein verzerrtes Wirklichkeitsbild wiederspiegeln, gerade wenn man bedenkt, wie Sexualität im Fernsehen behandelt wird. Dennoch sollte man das Fernsehen im Sinne der Informationsvermittlung nicht zu sehr verteufeln. Natürlich gibt es auch „pädagogisch wertvolle" Sendungen wie etwa die „Sendung mit der Maus", in denen Kinder für sie altersgemäße Dinge lernen und ihr Wissen im positiven Sinne erweitern können. Des Weiteren wird es ermöglicht,

den Horizont zu erweitern und etwas über den Rest der Welt zu erfahren. Als es noch kein Fernsehen gab, hatten die Menschen ein viel engeres Weltbild und ein geringeres globales Wissen.

Ein anderer wichtiger Punkt ist die Fülle an Informationen, die das Fernsehen liefert und die Geschwindigkeit der Darbietung.

Ein Buch ist in der Lage, bei einem Thema zu verweilen und es zu gründlich zu untersuchen. Ein Thema im Fernsehen jedoch wird schnell abgehandelt, bevor zum nächsten übergegangen wird. Das Fernsehen sammelt keine Informationen, es bewegt sie vielmehr. (vgl. Postman 1990, S.98)

Ist ein Kind bei diesem raschen Tempo und den Schnitten überhaupt in der Lage, das Gesehene zu verarbeiten und die Eindrücke zu reflektieren? Bei einem Buch kann man so schnell bzw. langsam lesen wie man möchte, man kann das Buch unterbrechen um nachzudenken oder man kann Teile doppelt lesen, man kann zurückblättern, um noch einmal etwas nachzulesen. Aber, *„es ist unmöglich, in einer Fernsehsendung die Handlung anzuhalten und um Erhellung eines unklaren Punktes zu bitten. Es ist unmöglich, eine zweifelhafte Annahme in Frage zu stellen, und unmöglich, einen schwierigen Abschnitt noch einmal zu sehen.(...)wie kann da Lernen auf andere als oberflächliche Weise stattfinden?"* (Wilkins 1986, S. 39)

Diese "Hypergeschwindigkeiten" überfordern kleinere Kinder, was man daran erkennen kann, dass Vorschulkinder sich gerne immer wieder die selbe Sendung, auf Video aufgezeichnet, ansehen, so lange bis sie sie verarbeitet und bis ins Detail verstanden haben. (vgl. Jörg 1994, S.32) Zudem haben sie Schwierigkeiten einzelne Szenen und Bilder einer Geschichte zusammenzufügen und sich die Zwischenhandlungen hineinzudenken. (vgl. Groebel 1994, S.25-26)

Kleinere Kinder sind von den meisten Fernsehprogrammen eher überfordert und bekommen so ein Gefühl der Machtlosigkeit. (vgl. Wilkins 1986, S.38)

Bei älteren Kindern, die in der Lage sind, dem Geschehen zu folgen zeigte sich in diversen Studien tatsächlich, dass Vielseher ein größeres Faktenwissen[29] haben als Kinder die wenig fernsehen. Beim prozeduralem Wissen[30] hingegen ergibt sich eine

---

[29]Personen und Daten (z.B. Namen von Politikern und Darstellern, Tagesereignisse, Wirtschaftsgeschehen)

[30] kognitive Prozesse zur Lösung komplizierter Probleme, in der Lage sein, die Hintergründe einer Geschichte zu erkennen, Wissen über die Gestaltung sozialer Prozesse und Interaktionen

gegenteilige Korrelation. Hier schneiden die Wenigseher deutlich besser ab. (vgl. Groebel 1994, S.25-26 und Groebel 1996, S. 9-10)

Man kann also abschließend festhalten, dass Fernsehen im passenden Alter verantwortungsvoll konsumiert das Wissen vergrößern kann, jedoch nicht grundsätzlich die intellektuellen Fähigkeiten der Kinder erhöht.

3.3.3   Einfluss der Intelligenz auf die Verarbeitung von Fernsehinformationen

In einer Studie aus dem Jahre 1982 wurde versucht herauszufinden, ob intelligente Kinder anders mit dem Medium Fernsehen umgehen als weniger begabte Kinder.

94 Schüler der sechsten Klasse wurden zunächst darüber befragt, wie viel Anstrengung ihnen das Medium Fernsehen bzw. Lesen wert sei. Hier waren sich alle Schüler einig, dass sie sich beim Lesen mehr anstrengten, eher nachdachten und sich konzentrierten.

Die Schüler wurden nun in drei Gruppen aufgeteilt. Eine Gruppe sah einen Film, eine weitere Gruppe bekam den Filminhalt in Form eines leichten Textes zu lesen und die dritte Gruppe bekam die Transkription der Tonspur des Filmes, also einen sehr anspruchsvollen Text zum Lesen.

Im Anschluss wurden Fragen gestellt zum Erfassen der Erinnerungsleistung und der Bildung von Schlussfolgerungen.

Es zeigte sich, dass die Leistungen der intelligenten Kinder in den zwei Lesegruppen sehr gut, in der Fernsehgruppe jedoch sehr schlecht waren. Bei den weniger begabten Kindern war es genau umgekehrt, bei ihnen schnitten die Kinder der Fernsehgruppe am besten ab. (vgl. Abbildung 3.3.3)

Die Ergebnisse sind darin zu begründen, dass die begabteren Kinder das Medium Fernsehen äußerst geringschätzig betrachten. Sie halten es für anspruchslos und sehen in Hinblick auf ihre geistigen Fähigkeiten keinen Grund, besonderen Denk- und Konzentrationsaufwand in eine Fernsehsendung zu investieren. Sie geben sich daher kaum Mühe bei der Verarbeitung der Informationen, wenden ihrer Fähigkeiten nicht an und lernen dementsprechend wenig aus dieser Quelle.

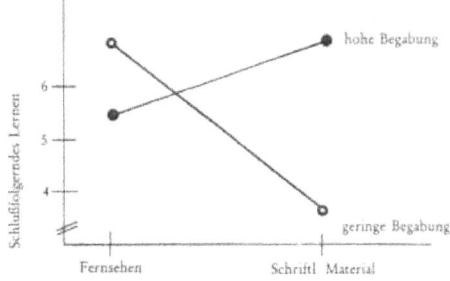

Abbildung 3.3.3 : Interaktion von Lernen, Begabung und Medium (Salomon, 1984, S.207)

Basierend auf den Untersuchungsergebnissen kann man feststellen, dass der Profit aus dem Fernsehen, also das was der Zuschauer davon mitnimmt, auch in starkem Maße davon abhängt, welche Wertschätzung bzw. welches Vorverständnis er gegenüber dem Fernsehen hat. (vgl. Salomon 1984, S.205-208)

3.3.4   Macht Fernsehkonsum sprachlos?

Während in den 80er Jahren die Sprach- und Sprechstörungen im Kleinkind- und Vorschulalter bei 4-6% lagen, so wurden bei Untersuchungen in Schleswig-Holstein und Nordrhein-Westfalen in den 90ern bereits bei 22% bzw. 17 % der Kinder Mängel im Sprachverständnis, im Umfang des gebrauchten Wortschatzes, in der Artikulation und der Grammatik festgestellt.[31] (vgl. Glogauer 1998, S. 15)

Werner Glogauer, Professor für Schulpädagogik und Allgemeine Didaktik an der Universität Augsburg, sieht für diese Entwicklung folgende Ursachen: (Glogauer, 1998, S.14)

1. der übermäßige Medienkonsum der erwachsenen Personen des sozialen Umfeldes, besonders der Mutter

---

[31] *„Eine empirische Langzeituntersuchung der Universitätsklinik in Mainz stellte eine Zunahme von Sprachstörungen um 25% in den letzten zehn Jahren fest."* (Gründler 2004)

2. meist als Folge davon auch der ausufernde Medienkonsum des Kindes und

3. keine ausgleichenden Maßnahmen, wie anregendes Vorlesen, Erzählen, Miteinanderspielen und gemeinsame Aktivitäten im Freien.

Babys lernen Sprache durch Kommunikation bzw. Interaktion mit anderen Menschen.

Im Alter von 8 Wochen etwa beginnt ein Baby spielerisch die Funktion von Stimme, Kehlkopf, Zunge und Lippen auszutesten. Es gibt gurrende und lallende Laute von sich und versucht Sprach- und Lautmuster von Erwachsenen nachzuahmen.

Später beginnt es Worte mit Gegenständen Handlungen in Verbindung zu bringen.

Das Kind begreift in diesem Stadium Wortbedeutungen nur durch konkrete Handlungen, komplizierte Erklärungen sind völlig nutzlos für die Sprachentwicklung. (vgl. Gründler 2004)

Normalerweise kommentieren Eltern ihre Handlungen in Gegenwart des Kindes, deuten auf Gegenstände und benennen diese oder schauen Bilderbücher gemeinsam an.

Wenn ein Kind aber nun schon als Baby einen Hauptteil seiner Zeit vor dem Fernseher verbringt, so stört diese Einwegkommunikation die normale Sprachentwicklung. Da die Sprache im Fernsehen nicht mit Konkretem verbunden ist, verstehen die Kinder diese Sprache nicht und werden nicht zum Antworten oder Üben angeregt.

Eine Langzeituntersuchung aus England hat gezeigt, dass bei 20% der Kinder mit zu viel Fernsehkonsum schon im Alter von 9 Monaten eine verzögerte Sprachentwicklung festzumachen ist.

Allerdings sollte erwähnt werden, dass diese Störungen bei so kleinen Kindern noch relativ schnell behoben werden konnten, wenn sie nachfolgend genügend sprachliche Anregungen bekamen. (vgl. Glogauer 1998, S. 13-14)

Aber auch auf ältere Kinder die bereits sprechen können, hat die Sprache des Fernsehens nicht unbedingt eine fördernde Wirkung. Eine Untersuchung der Toronto University kam zu folgenden Ergebnissen: Der Wortschatz im Fernsehen ist wesentlich geringer als in Kinderbüchern und die dominierende Kommunikationsform ist der unvollständige Satz. (vgl. Wilkins1986, S. 36-37)

Kinder lernen Sprache also besser durch Vorlesen von Büchern und Gespräche mit den Eltern.

3.3.5 Lesen vs. Fernsehen

Auch wenn wir uns heute in einer multimedialen Gesellschaft befinden, in der ein Leben ohne Computer und Fernseher nicht mehr vorstellbar ist, und uns die moderne Technik so vieles leichter macht, so herrscht immer noch die Auffassung, dass Lesen bildet und Fernsehen träge, kritiklos und stumpfsinnig macht. *„Auf diese Weise entsteht im pädagogischen Denken das typische Kind unserer Zeit, das selten oder gar nicht liest, ununterbrochen Fernsehsendungen aller Art wahrnimmt und in seinem Ausgeliefertsein an die elektronischen Medien zwangsläufig ein phantasiearmes, kontaktgestörtes und aggressives Wesen wird."* (Richter 2001, S.70)

Wichtig ist vor allem, wie mit den verschiedenen Medien umgegangen wird. Und da das Fernsehen nun einmal da ist, sollte es eine Aufgabe sein, auch das Interesse am Lesen zu wecken und zu erhalten, besonders weil Lesen wie bereits erwähnt als Basisqualifikation für die Nutzung der neuen Medien angesehen werden kann. Überall hört man vom hohen Fernsehkonsum der Kinder, aber ist das Buch wirklich völlig verdrängt worden? Wenn man an die Erfolge denkt, welches z. B. die Romanreihe „Harry Potter" erzielte, so kann es nicht sein, dass das Lesen völlig vom Fernsehen verdrängt wurde.

Eine Untersuchung aus dem Jahr 1999 mit 100 Thüringer Schülern der Jahrgangsstufen 1-5 versuchte, genau dies herauszufinden. In einer Fragebogenerhebung wurden die Schüler u.a. nach ihrem Interesse an 11 verschiedenen Freizeitaktivitäten befragt. Dabei ergab sich folgende Rangfolge: 1.Treffen mit Freunden 2.Tiere 3.Spielen/Spielzeug 4.Bücher 5. Sport 6. Fernsehen. 71,7% der Kinder gaben an, sich für Bücher zu interessieren, während Fernsehen mit 67,5 % noch darunter lag. Als die Kinder gebeten wurden, die drei Beschäftigungen zu kennzeichnen, an denen sie besonderes Interesse haben, so lagen die Bücher bei 27,4%, Fernsehen hingegen nur bei 17,5%.

66

Betrachtet man das Interesse an Büchern und Fernsehen im Vergleich aufgeteilt nach Klassenstufen, so bekommt man folgendes Ergebnis:

	Bücher	Fernsehen
Klasse 1	Rang 7.	Rang 5.
Klasse 2	Rang 7.	Rang 5.
Klasse 3	Rang 2.	Rang 7.
Klasse 4	Rang 3.	Rang 7.
Klasse 5	Rang 2.	Rang 6.

Abbildung 3.3.5 : Platzierungen von Büchern und Fernsehen innerhalb des Interessenspektrums von Kindern, aufgeteilt nach Klassenstufen (Richter, 2001, S.72)

Es sollte noch erwähnt werden, dass besonders in den höheren Klassen ausgeprägte Geschlechterunterschiede in der Form vorliegen, dass Bücher für Mädchen wichtiger sind als für Jungen.

Wenn man nun Untersuchungen über die investierte Zeit in verschiedene Freizeitaktivitäten betrachtet, so erkennt man, dass eine häufige Fernsehnutzung nicht unbedingt im Zusammenhang mit Fernsehinteresse steht.

Auch wenn Kinder heutzutage sehr viel Zeit mit Fernsehen verbringen, so ist ihr Interesse an Büchern dennoch vorhanden und sogar zumindest bis Klasse 5. relativ groß. (vgl. Richter 2001, S.69-83)

3.3.6 Auswirkungen auf die Schreib- und Lesekompetenz

Wie bereits erwähnt, ist Lesen eine wichtige Kulturtechnik, eine Basisqualifikation, ohne die man in unserer Gesellschaft nicht zurechtkommen kann.

Lesen, genauer betrachtet, ist ein äußerst komplizierter Prozess, der sich aus vielen einzelnen Teilprozessen und Tätigkeiten zusammensetzt[32] und daher umfassend

---

[32] *„an ihm sind physische (z.B. motorische), sinnliche (z.B. Auffassung mit dem Auge) und geistige (z.B. Verstehensleistungen) Teilprozesse in vielfältiger Weise aufeinander bezogen. Noch differenzierter gesehen, sind beim Lesen wahrnehmende Tätigkeiten (Wahrnehmen der Buchstaben, der Wortbilder), wobei das Lesetempo wichtig ist, die sprachmotorisch-artikulatorische Tätigkeit, die auditive, die worterschließende Tätigkeit, die sich auf die Wortbedeutungen bzw. –inhalte richtet, die klanggestaltende und struktur-erschließende Tätigkeit im Bereich des Satzes (u.a. Lesen in Sinnschritten und Sinnwörtern und die Sinnerschließung kleinerer und umfangreicherer Texte beteiligt. Diese Teiltätigkeiten stehen wiederum in vielfältiger Abhängigkeit mit sekundären Komponenten wie Konzentrationsfähigkeit, Fähigkeit für die Speicherung von Wortgestalten, Umfang des Wortschatzes oder auch der Lesemotivation."* (Glogauer 1998, S.34)

geübt und trainiert werden muss. Doch viele Kinder haben große Probleme mit dem Lesenlernen und dem Verstehen von Texten und daraus resultierend auch mit dem Schreiben, sowohl im Sinne von korrekter Rechtschreibung als auch damit, Gedanken und Erlebnisse in Worten auszudrücken.

Auch wenn das Interesse an Büchern weiterhin bei Kindern vorhanden ist, so zeigen Untersuchungen doch, dass 60% der Vielseher nie oder nur manchmal ein Buch lesen. (vgl. Glogauer 1998, S. 33)
Oft ist es mittlerweile so, dass kleine Kinder zunächst mit dem Fernseher Bekanntschaft machen, bevor sie überhaupt an Bücher herangeführt werden.
Kinder, die sich früh viel mit den audio-visuellen Medien beschäftigt haben, sind darauf trainiert worden, über das Hören und bewegte Bilder zu lernen. Zudem haben sie bereits die Erfahrung gemacht, dass man Informationen sehr viel einfacher und schneller erhalten kann, als durch mühsames zeitaufwändiges Lesen. Gerade auch intelligenten Kindern ist es zu mühsam, ihr Wissen durch Lesen zu erweitern, es dauert ihnen einfach zu lange.
So kommt es, dass viele Kinder, die auf das Fernsehen „programmiert" wurden, Mühe haben, sich mit Texten zu beschäftigen und Lesestücke flüssig vorzutragen. Auch kreatives Schreiben fällt ihnen schwer, weil sie beim Fernsehen ausschließlich aufnehmen, aber nicht selber etwas produzieren müssen. Ähnlich sieht es mit der Rechtschreibung aus. Aufgrund mangelnder Konzentrationsfähigkeit, die aber nicht generell auftritt (denn beim Fernsehen können sich die Kinder oft gut konzentrieren) machen sie viele Flüchtigkeitsfehler. (vgl. Lerchenmüller 1998, S. 40-42)

Die Wissenschaft, die sich mit den Auswirkungen des Fernsehkonsums auf Sprach- Lese- und Schreibkompetenzen beschäftigt, hat verschiedene Hypothesen aufgestellt, die den negativen Zusammenhang begründen könnten (vgl. Ennemoser 2003, S.32):

1. Die Verdrängungshypothese
Sie besagt, dass das Fernsehen, welches viel Freizeit der Kinder in Anspruch nimmt, wenig Zeit lässt für andere Tätigkeiten, insbesondere das Lesen von Büchern.

2. Die Abwertung des Lesens

Bei dieser Hypothese vermutet man, dass Kinder eine negative Einstellung zum Lesen entwickeln, da sie Lesen im Vergleich zum leicht zu konsumierenden unterhaltsamen Fernsehen als mühsam und unattraktiv empfinden.

3. Konzentrationsabbau-Hypothese

Aufgrund des schnellen Wechsels von Bildern und Szenen wird die Konzentrationsfähigkeit der Kinder herabgesetzt, die man zum Lesen von Büchern benötigt.

Es gibt allerdings bis heute kaum Untersuchungen zur Überprüfung dieser Hypothesen, so dass über die Ursachen des negativen Einflusses des Fernsehkonsums auf die Lesekompetenz hauptsächlich Mutmaßungen angestellt werden können.

Zwei weitere Hypothesen beschäftigen sich mit den Faktoren „soziale Schicht" und „Intelligenz", die auch Einfluss auf die schriftsprachlichen Leistungen haben (vgl. Ennemoser 1998, S. 35):

1. SÖS-Mainstreaming-Hypothese

Nach dieser Hypothese wird vermutet, dass ein hoher Fernsehkonsum Schichtunterschiede in den Leistungen reduziere. Man vermutete, dass in den höheren Sozialschichten, in denen normalerweise ein hoher Anregungsgehalt der Umwelt vorliegt dieser bei hohem Fernsehkonsum nicht zum Tragen kommt, so dass die Leistungen der Kinder schlechter werden. In den niedrigen sozialen Schichten hingegen könnte der Fernsehkonsum sogar positive Auswirkungen auf die Leistungen der Kinder haben, da sie in einem sehr anregungsarmen Umfeld aufwachsen.

2. IQ-Mainstreaming-Hypothese

Analog zu der SÖS-Hypothese vermutete man auch hier eine Leistungsangleichung bei Vielsehern mit niedrigem und hohem IQ. So könnten Kinder mit hohem IQ ihr intellektuelles Potenzial bei hohem Fernsehkonsum nicht ausschöpfen, während Kinder mit niedrigem IQ durch das Fernsehsehen stimuliert werden.

In einer Würzburger Längsschnittstudie, durchgeführt von der Uni Würzburg, wurde versucht, eine Zusammenhang zwischen Fernsehkonsum und Schriftsprachleistungen festzumachen[33], dabei Drittvariablen mit einzubeziehen, um die Haltbarkeit der Hypothesen zu überprüfen.

Ergebnisse der Studie wurden veröffentlicht von Ennemoser (2003), Spitzer (2003), Hauptmeier (2004) und auf der Internetseite der Uni-Würzburg[34].

Die Untersuchung aus dem Jahr 1998 umfasst 332 Kinder aus Baden-Württemberg und Bayern, von den sich 165 im letzten Kindergartenjahr und 167 in der zweiten Klasse befanden.

Über einen Zeitraum von vier Jahren wurden in Abständen von 6 Monaten bis zu einem Jahr Daten über das Medienverhalten sowie schriftsprachliche Kompetenzen gesammelt. Die Mediennutzung (Fernsehzeiten und Leseaktivität) wurde mittels eines Tagebuchs festgehalten, die Kinder im Vorschulalter bekamen Tests zur phonologischen Informationsverarbeitung, die Schulkinder Tests, die sprachliche Kompetenzen wie Wortschatz, Morphologie, Semantik, Lesegeschwindigkeit, Leseverständnis und Rechtschreibung überprüften. Der soziale Status wurde anhand der Bildungsabschlüsse und Berufe der Eltern ermittelt. Weiterhin wurden die Konzentrationsleistungen der Kinder mit Standarttests[35] erfasst.

Es zeigte sich, dass die Vielseher[36], also Kinder die kontinuierlich viel Zeit vor dem Fernseher verbringen, im letzten Kindergartenjahr und in der ersten Klasse keine schlechteren Leistungen aufweisen. In der dritten Klasse jedoch liegen ihre Leistungen deutlich unter denen der anderen Kinder. (vgl. Abbildung 3.3.6 a)

Nach diesen Ergebnissen zu urteilen scheint es, dass Fernsehkonsum einen kumulativen negativen Effekt hat, dass also erst nach einiger Zeit die Auswirkungen sichtbar werden.

---

[33] Bisher gibt es hauptsächlich Untersuchungen aus den USA, die aber nur bedingt auf Deutschland übertragbar sind, da der Fernsehkonsum in den USA sehr viel höher ist als in Deutschland (vgl. Ennemoser 1998, S. 35)
[34] www.psychologie.uni-wuerzburg.de/i4pages/html/fernsehprojekt.html
[35] Unter anderem wurde der d2 Test verwendet. Hierbei müssen innerhalb von Reihen mit den Buchstaben d und p, die alle mit einem oder 2 Strichen versehen sind, alle d mit 2 Strichen möglichst schnell gezählt werden.
[36] Zu dieser Gruppe zählen 25% der Stichprobe

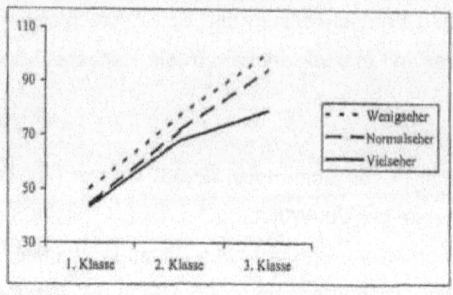

Abbildung 3.3.6 a : Die Leistungsentwicklung in der Lesegeschwindigkeit (Rohpunkte im Lesetest) in Abhängigkeit des Fernsehkonsums von der ersten bis zur dritten Klasse (Ennemoser 2003, S. 37)

Die Verdrängungshypothese, die Abwertung des Lesens sowie die Konzentrationsabbauhypothese konnten in dieser Studie nicht bestätigt werden. Es wurden hierfür keinerlei Zusammenhänge gefunden.

Dennoch muss man diese Ergebnisse kritisch betrachten.
Es könnte natürlich auch sein, das Kinder mit Leseschwächen einfach aus diesem Grund lieber fernsehen, das heißt, der Zusammenhang wäre genau umgekehrt. Diese Frage soll in geplanten Studien der Uni Würzburg noch geklärt werden.
Da zu Schulbeginn noch weniger gelesen wird als in höheren Klassen, kann es sehr wohl sein, dass der Verdrängungsmechanismus erst mit zunehmendem Alter der Kinder an Bedeutung gewinnt.
Auch in Bezug auf den Konzentrationsaubbau muss man vorsichtig mit den Ergebnissen umgehen. So wurden zwar im Konzentrationstest keine schlechteren Leistungen bei den Vielsehern festgestellt, dennoch ließen Lehrerurteile über die Konzentrationsfähigkeit von Schülern auf einen Zusammenhang schließen. Es könnte daher sein, dass Fernsehen keine Auswirkungen auf kurzfristige Aufmerksamkeitsprozesse hat, wie sie in den Tests untersucht wurden, wohl aber auf die Daueraufmerksamkeit im Unterricht.

Die SÖS-Hypothese konnte mit Hilfe der Untersuchung nur teilweise bestätigt werden. Ein hoher Fernsehkonsum führt bei Kindern der Oberschicht zu enormen Leistungseinbußen im Vergleich zu anderen Oberschichtskindern. Zwar hat das Vielsehen in der Mittel- und Unterschicht nicht so gravierende Auswirkungen, ein positiver Effekt des Fernsehkonsums in den unteren Schichten konnte allerdings nicht bestätigt werden. Auch hier erzielten die Wenigseher bessere Leistungen als die Normal- und Vielseher. (vgl. Abbildung 3.3.6 b)

Die IQ-Hypothese wurde vollkommen wiederlegt. Kinder mit mittlerer und hoher Intelligenz werden vom Fernsehkonsum nur minimal beeinflusst. Vielseher mit einer niedrigen Intelligenz zeigten besonders schlechte Leistungen im Vergleich zu anderen Kindern mit einer niedrigen Intelligenz. (vgl. Abbildung 3.3.6 c)

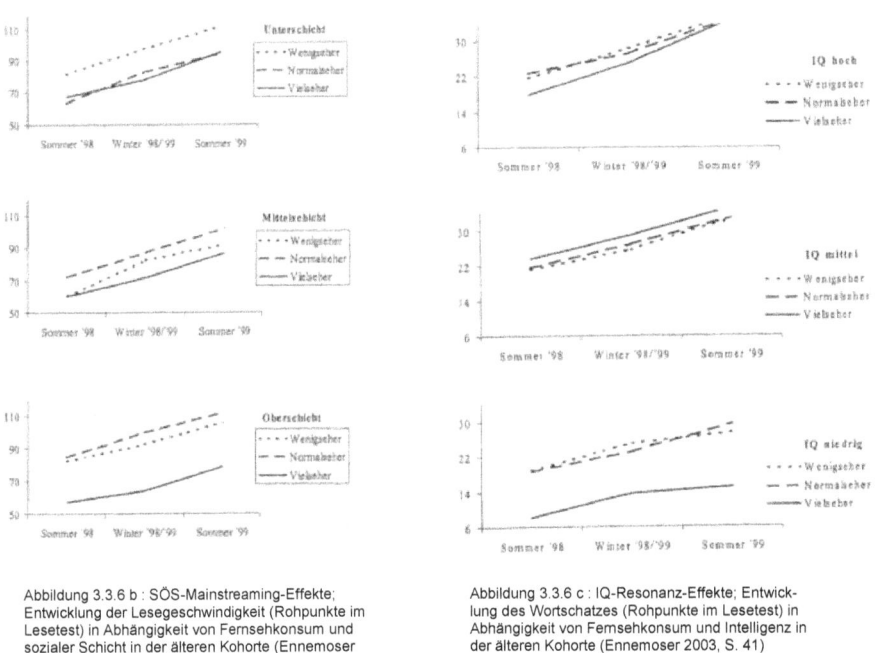

Abbildung 3.3.6 b : SÖS-Mainstreaming-Effekte; Entwicklung der Lesegeschwindigkeit (Rohpunkte im Lesetest) in Abhängigkeit von Fernsehkonsum und sozialer Schicht in der älteren Kohorte (Ennemoser 2003, S. 38)

Abbildung 3.3.6 c : IQ-Resonanz-Effekte; Entwicklung des Wortschatzes (Rohpunkte im Lesetest) in Abhängigkeit von Fernsehkonsum und Intelligenz in der älteren Kohorte (Ennemoser 2003, S. 41)

Man kann also abschließend zum Thema Lesen und Fernsehen festhalten, dass eine schulische und außerschulische Leseförderung sehr wichtig ist, besonders für Kinder, die viel fernsehen. Kinder sollten schon im Kleinkindalter an Bücher herange-

führt werden, sowohl durch Geschichtenvorlesen als auch durch Betrachten von un-
beweglichen Bildern.

Untersuchungen haben herausgefunden, dass Leser sich besser und gezielter mit
Fernsehinhalten auseinandersetzen können als Nichtleser. Lesen wirkt sich also
günstig auf das Verstehen von Fernsehinhalten aus.

Gerade aus diesem Grund sollte das Lesen als Basisqualifikation gefördert werden,
damit die negativen Auswirkungen des Fernsehens nicht so stark zum tragen kommen und das Fernsehen sogar positiv genutzt werden kann. (vgl. Glogauer 1998, S.
35-37)

3.3.7 Fernsehkonsum im Zusammenhang mit Schulleistungen

Im vorherigen Kapitel wurde bereits auf die Lese- und Schreibleistungen eingegangen. Nun sollen noch einmal kurz die Schulleistungen insgesamt betrachtet werden.
In diesem Bereich gibt es allerdings kaum Untersuchungen.

Es wird vermutet, dass Kinder, die den raschen Wechsel von Bildern und Geräu-
schen sowie die Informationsflut des Fernsehens gewohnt sind, einem reizarmen
Unterricht nur sehr schlecht folgen können und schnell als langweilig empfinden. M.
A. White, Professorin für Psychologie und Erziehungswissenschaft beschreibt dieses
Problem wie folgt: *„Spätestens im Alter von drei oder vier Jahren haben Kinder gelernt, dass Musik und Klangeffekte und manchmal auch der Wechsel im Klang der
Stimme Signale sind, die ihren Blick auf den Fernseher lenken. Sie kommen mit einer Reihe von Strategien in die Schule, die sie von dem elektronischen System gelernt haben und die nicht auf das Klassenzimmer übertragbar sind. Ich glaube, sie
wissen nicht, wann sie zuhören müssen."* (Wilkins 1986, S.36)

Der Hirnforscher G. Roth sieht auch einen Einfluss von Fernsehkonsum auf das Lernen, wobei es hier stark darauf ankommt, welche Arten von Sendungen gesehen
werden.

Vormittags in der Schule Gelerntes befindet sich zunächst im Kurzzeitgedächtnis und
muss dann im Langzeitgedächtnis abgespeichert werden, um längerfristig abrufbar
zu sein. Schaut ein Kind jedoch nun am Nachmittag emotional stark aufwühlende
Filme oder Reportagen, so kann es passieren, dass der zuvor erlernte Schulstoff

verdrängt wird. Dies liegt daran, dass wir uns Dinge, die uns emotional berühren grundsätzlich besser behalten können. (vgl. Hauptmeier 2004, S.75-76)

Eine belgische Langzeitstudie über 3 Jahre aus dem Jahr 2001 kommt zu dem Ergebnis, dass kein linearer Effekt der Mediennutzung auf die Schulleistung vorliegt. 1001 Kinder im Durchschnittsalter von 9,5 Jahren wurden nach Mediennutzung, Freizeitaktivitäten und Schulleistungen befragt.

Die Studie zeigte zunächst einen negativen Zusammenhang, bei genauerer Überprüfung kam man aber zu der Schlussfolgerung, dass schlechte Schulleistungen einen gesteigerten Konsum von audiovisuellen Medien zur Folge haben. Sie dienen hierbei als Ablenkung bzw. als Strategie zur Bewältigung oder Verdrängung der negativen Erfahrungen in der Schule. (vgl. Gleich 2002, S.105-106)

Man kann also feststellen, dass die Forschungen zu diesem Thema keineswegs ein sicheres eindeutiges Ergebnis zu dieser Fragestellung gefunden haben.

3.4 Langfristige Auswirkungen auf das Verhalten

Bei der Frage nach den Auswirkungen des Fernsehkonsums auf die Gesundheit sollten auch veränderte Verhaltensweisen nicht außer Acht gelassen werden.

Ein Wandel im Verhalten ist natürlich nicht immer gleichbedeutend mit gesundheitlichen Einbußen. In jeder Zeitepoche beschäftigten sich Kinder unterschiedlich, spielten andere Spiele, besaßen anderes Spielzeug, abhängig von der Kultur, der finanziellen Lage und der aktuellen Bedeutung der Kindheit. Dennoch deutet vieles darauf hin, dass das Verhalten vieler heutiger Kinder einer natürlichen Entwicklung entgegensteht und zu späteren körperlichen und vor allem mentalen und psychischen Problemen führt.

Extrem viele Schüler leiden unter Konzentrationsstörungen, übermäßiger Impulsivität und Unruhe, bei vielen wird sogar die Aufmerksamkeitsstörung ADHS diagnostiziert. Andere Schüler hingegen fallen auf durch ihre Passivität und Trägheit, sie wirken abwesend und es fällt schwer sie zu motivieren.

Viele dieser veränderten Verhaltensweisen werden dem vermehrten Medien- und speziell auch Fernsehkonsum zugeschrieben, auch wenn es hierfür noch keine ge-

festigten Beweise gibt. Bei einer Befragung von Müttern und Vätern zu diesem Thema kamen folgende Ergebnisse heraus:

Wahrgenommenes Problemverhalten	Mütter n=199	Väter n=119
Unkonzentriertheit	29,6%	22,7%
Kampfspiele, Erschießen-Spielen	29,1%	21,0%
Zappeligkeit	24,1%	19,3%
Ängste beim Alleinsein oder Einschlafen	21,6%	16,8%
Vermischung von Fernsehfantasie und Wirklichkeit	17,1%	27,7%
Aggressives Verhalten	16,6%	16,0%
Schmutzige Ausdrücke, Schimpfwörter, Flüche	15,6%	12,6%
Besserwisserei	13,6%	19,3%
Sich Aufspielen	12,6%	10,9%
Lernschwierigkeiten	5,5%	5,9%
Sonstiges	5,0%	5,0%

n = Anzahl der befragten Personen

Abbildung 3.4 : Problematische Verhaltensweisen der Kinder infolge des Fernsehens
aus Sicht der Eltern –Mehrfachantworten möglich (Lerchenmüller-Hilse 1998, S.40)

In diesem Kapitel werden veränderte Verhaltensweisen aufgezeigt und Theorien vorgestellt, die u.a. das Fernsehen hierfür verantwortlich machen. Des weitern wird sich
mit der Frage befasst, inwieweit Fernsehen das eigene Erleben der Kinder ersetzt.
Insgesamt wird dieses Kapitel jedoch eher kurz gehalten, da es hierbei nicht um eine
direkte Beeinflussung der Gesundheit geht und eine Analyse der langfristigen Auswirkungen von Verhaltensänderungen zu umfangreich wäre.

Zwei große Kapitel, der Einfluss der Werbung sowie die Frage ob Fernsehen Gewalt-
tätigkeit zur Folge hat, werden weitgehend ausgeklammert. Die Bearbeitung dieser
Themen, die in der Wissenschaft bereits sehr ausführlich untersucht wurden, würde
zu weit führen und den Rahmen dieser Arbeit sprengen.

3.4.1 Hyperaktivität oder Trägheit- Folgen von erhöhtem Fernseh-konsum?

Fernsehen kann unterschiedliche Wirkungen auf das Verhalten von Kindern haben-
sie reichen von Hyperaktivität bis hin zur Passivität.

In Schulen fällt den Lehrern häufig auf, dass Kinder nicht mehr in der Lage sind, sich zu konzentrieren, stillzusitzen oder längere Zeit einer Sache ihre Aufmerksamkeit zu widmen. Es wird vermutet, dass die Fülle an Fernsehprogrammen, die Möglichkeit hin- und herzuschalten, sobald etwas ermüdend wird u. a. dafür verantwortlich gemacht werden kann, dass Kinder von einer Attraktion zur nächsten springen und ständig neue Anregungen brauchen.

Andererseits aber sind Fernsehkinder auch häufig müde und wirken „wie unter Drogen gesetzt". Eine Erklärung hierfür ist, dass diese Kinder oft zu wenig Schlaf bekommen, eine andere das Erlernen von Passivität beim Fernsehschauen. Ein Psychologe beschreibt den halbwachen tranceartigen Zustand beim Fernsehen wie folgt: *„Das Starren auf das Fernsehbild kann genauso absorbierend und hypnotisch sein wie das Starren in ein Lagerfeuer. Es ist ganz egal was gerade läuft: es kommt nur darauf an, dass wechselnde Lichtmuster ausgestrahlt werden, die die Aufmerksamkeit anregen"* (Wilkins 1986, S. 47)

Kinder schauen oft nebenbei fern, dass heißt der Fernseher läuft im Hintergrund, während sie sich mit anderen Spielsachen beschäftigen. So lernen Kinder früh Hintergrundgeräusche auszublenden bzw. sich abzuwenden, wenn es uninteressant wird. Dies kann fatale Folgen für den Schulunterricht haben. Die gleichmäßige Stimme das Lehrers wird als Hintergrundgeräusch behandelt, während die Gedanken des Schülers sich ganz woanders befinden. Da ein Lehrer kein Schauspieler oder Animateur ist, wird er leicht als langweilig empfunden und daher regelrecht ignoriert. So ist es kein Wunder, dass Vielseher häufig Probleme haben, dem Unterricht zu folgen. (vgl. Wilkins 1984, S. 45-50)

3.4.2 Verändertes Freizeitverhalten

Die veränderten Verhaltensweisen spiegeln sich natürlich ebenso in den Freizeitbeschäftigungen wieder.

Den Kindern fällt es oft schwer, alleine aber auch mit anderen zu spielen, es fehlt die Kreativität und Phantasie, eigene Ideen zu entwickeln.

Eine Lehrerin sagt zu dieser Problematik: *„Es fällt mir auf, dass Kinder keine Eigeninitiative entwickeln. Mein Klassenzimmer ist vollgepackt mit schönen Büchern, Spielen und anderen Dingen aber wenn die Kinder mit einer Aufgabe fertig sind und noch*

etwas Zeit übrig haben, fühlen sie sich selten davon angezogen. Ich muss ihnen im-
mer eine spezielle Aufgabe geben. Dasselbe gilt für den Spielplatz. Meistens stehen
sie umher und überlegen, was sie tun könnten, während sie doch Kletterstangen,
Schaukeln und Bälle vor der Nase haben" (Wilkins 1984, S.56).

Nicht umsonst sagt man, dass sich aus Lageweile, aus Anregungsarmut die besten
Ideen entwickeln. Nach dem Krieg, als die Kinder kaum Spielsachen hatten, entwickelten sich zahlreiche Straßenspiele. Heute jedoch brauchen sich Kinder nichts
mehr selbst auszudenken, alles ist vorgegeben, Spielsachen und Anregungen gibt es
im Überfluss. Es folgt eine untätige Langeweile, die jedoch nicht produktiv ist, sondern dazu führt, dass der Fernseher zu Berieselungszwecken eingeschaltet wird.
(vgl. Wilkins 1984, S. 55-57)

Schaut man sich die Spielsachen der Kinder an, so stellt man fest, dass sich die
meisten Dinge an Fernsehserien orientieren oder diese ständig in der Werbung an-
gepriesen werden. Bei einer Untersuchung Anfang der 90-er Jahre fand man bei-
spielsweise heraus, dass 88,3 % der Mädchen etwas von der Spielzeugserie Barbie
besaßen.[37]

Diese kommerziellen Spielsachen beeinflussen das Spielverhalten, die Ausbildung
von Geschlechterrollen sowie die Ausübung von kreativen Tätigkeiten wie etwa Basteln oder Musizieren. Über zwei Drittel der Zeit, die Kinder alleine spielen sind me-
dienbezogene Freizeitbeschäftigungen. Auch die bei Kindern üblichen Rollenspiele
sind zu nehmend weniger von eigenen Ideen geprägt, sondern imitieren Serien oder
Fernsehshows[38]. Die typischen Merkmale eines Rollenspiels wie Perspektivwechsel,
Herausspringen aus der Rolle, Einbauen von neuen Ideen, entwickeln von Verständnis für andere, treten beim simplen Kopieren allerdings nicht auf. Eine Förderung der
kindlichen Persönlichkeit tritt hierbei also immer weiter zurück.(vgl.Glogauer 1993,
S.150-160)

Eine bereits erwähnte Untersuchung von Mytek und Scharff (2000)[39], bei der Kinder
ihre Aktivitäten in Abständen von 15 Minuten notieren mussten, kam zu dem Ergebnis, dass Vielseher weniger Gespräche führen, öfter alleine sind und weniger Zeit

---

[37] -> Thema Werbung, das in dieser Arbeit allerdings nicht beahndet wird
[38] Bei der Mini-Playback Show sollen täglich etwa 500 Briefe mit Bewerbungen eingegangen sein (vgl. Glogauer 1993, S.160)
[39] vgl. Kapitel 3.2.1, S. 51

unterwegs, mit Musikinstrumenten oder Freunden verbringen. (vgl. Spitzer 2003, S.114-115 und Myrtek 2000, S. 87-96 und Abbildung 3.4.2)

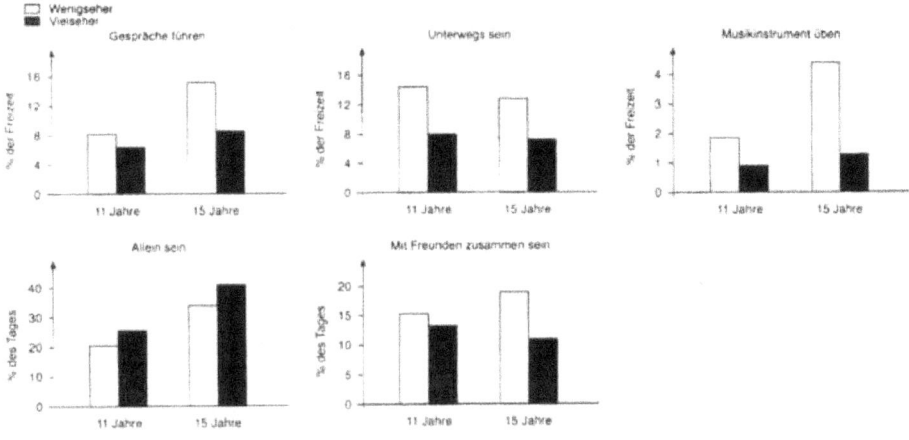

Abbildung 3.4.2 : Vergleich von Wenigsehern (weiße Säulen) mit Vielsehern (schwarze Säulen) im Alter von 11 und 15 Jahren in Bezug auf 2 Variablen des Sozialkontakts und 3 Variablen der Feizeitgestaltung. (vgl. Spitzer 2003, S.114)

3.4.3 Ersetzt Fernsehen eigenes Erleben?

Kinder brauchen für ihre Entwicklung Identifikationsfiguren, sowie Angebote an Figuren, Motiven und Mustern, mit deren Hilfe sie Situationen und Lebensthemen darstellen und bearbeiten können, sie brauchen Anregungen und Orientierungen und die Auseinandersetzung mit fremden Ansichten und Lebensarten.

Natürlicherweise finden sie diese im Spiel, in der Interaktion mit Freunden und Familie, durch Erlebnisse oder aber in Form von Erzählten oder vorgelesenen Geschichten.

Diese Hilfen zur Bearbeitung der alltäglichen Lebensthemen und zur Entwicklung einer Identität kann ein Kind aber auch in den Medien, insbesondere im Fernsehen finden. Im besten Fall holt sich das Kind Anregungen, lernt andere Welten kennen, kann fremde zu eigenen Erfahrungen machen und reflektiert über Handlungen von Fernsehfiguren.

Fehlen dem Kind aber die natürlichen Bewegungs- und Erlebnisräume so wird das Fernsehen zu einem Ersatz, zu einer „zweiten Wirklichkeit". Es verdrängt zwischenmenschliche Beziehungen und setzt dem Zuschauer eine fertige Welt vor, in der alles so viel einfacher und interessanter erscheint als in der echten Welt.

Für Kinder, die sehr anregungsarm aufwachsen, kann so der Wert des eigenen Erforschens und Erlebens verloren gehen, die eigenen Wahrnehmungen erscheinen bedeutlungslos, die echte Welt langweilig. Die Kinder leben dann regelrecht in dieser künstlichen Welt, besitzen kommerzielles Spielzeug, spielen Fernsehinhalte nach, übernehmen Redewendungen und Styling. Diese Vermischung der dargestellten Realität und der Realität kann gravierende Auswirkungen haben.(vgl. Schönenberg 1996, S. 116-117)

Maschwitz (1993) verwendet folgendes Beispiel: „Fernseherprobte Kinder wissen alles, natürlich auch, wie man Fische fängt. Wenn sie es ausprobieren, sind sie schnell enttäuscht. Wie warm oder kalt es an einem frühen Morgen ist, muss ich fühlen. Wie lange zwei Stunden Warten sind, muss ich erleben. Und wenn dann trotzdem noch kein Fisch gefangen ist...die Enttäuschung spüre ich auf dem Nachhauseweg anders als in der Zweiminuten-Einblendung eines noch so guten Schauspielers.[...] Weil Zeitraffer, Szenenwechsel, Bildschnitt, schauspielerisches Vermögen die Gesetzmäßigkeiten von Zeit und Raum, von Wachsen und Vergehen, von Betroffensein und Handeln in konkreter Situation nicht vermitteln können, sind sie für den Erfahrenen eine Ergänzung, für den Unwissenden eine Täuschung" (Maschwitz 1993, S.32-33).

3.4.4   Exkurs: Macht Fernsehgewalt gewalttätig?

Dieses Thema wird, wie schon erwähnt, nur kurz angeschnitten. Da es in Bezug auf die Wirkungen des Fernsehkonsums aber ein äußerst wichtiges und auch umfangreiches Gebiet darstellt, wird ein kurzer Ausblick auf die Vielschichtigkeit gegeben, indem kurz die vier wichtigsten Hypothesen zu den Auswirkungen von Gewalt im Fernsehen dargestellt werden. (vgl. Kunczik 1996, S.62-102)

1. Katharsistheorie

Durch das Anschauen von Gewalt im Fernsehen kann der Zuschauer eigene Aggressionen abbauen, indem er fremde Gewalttaten durch Zuschauen miterlebt. Das Fernsehen fungiert sozusagen als „Triebventil".

2. Inhibitionsthese

Das Betrachten von Gewalthandlungen, insbesondere wenn diese negativ dargestellt und die Folgen besonders betont werden, führt zu Aggressionsängsten und Schuldgefühlen und hemmt den Zuschauer, selbst gewalttätig zu handeln.

3. Stimulationsthese

Diese These besagt, dass Kinder und insbesondere frustrierte Kinder durch Gewalt im Fernsehen stimuliert werden, vor allem dann, wenn die Gewalthandlungen positiv dargestellt werden und den Tätern Vorteile verschaffen.

4. Habitualisierungshypothese

Häufiges Ansehen von Gewalttaten führt zur Abstumpfung des Zuschauers und zum Verlust der Mitleidsfähigkeit. Gewalt wird eventuell sogar mit der angenehmen Atmosphäre des Wohnzimmers in Verbindung gebracht. Es entsteht eine verzerrte Wahrnehmung von Gewalthandlungen, die u.U. sogar als nötig und positiv erachtet werden.

Auch wenn es in den letzten Jahrzehnten zahlreiche Studien über die Auswirkungen von Gewalt im Fernsehen gegeben hat, so konnte dennoch keine dieser Theorien vollständig verworfen oder bestätigt werden.

Auch wenn mittlerweile klar ist, dass dem Fernsehen nicht die Alleinschuld an von Kindern ausgeübten Gewalttaten gegeben werden kann, so steht mittlerweile fest, dass ein hoher Konsum von Gewaltdarstellungen in den Medien mit Wirkungsrisiken behaftet ist. Dennoch liegt kein einfaches Ursache-Wirkungs-Schema vor, sondern spielen andere Faktoren wie das soziale Umfeld und Persönlichkeitsstrukturen eine weitere entscheidende Rolle (vgl. Lerchenmüller-Hilse 1998, S.43-46)

3.5 Langfristige Auswirkungen auf die körperliche Gesundheit

Das folgende Kapitel beschäftigt sich mit den Auswirkungen des Fernsehkonsums auf die körperliche Gesundheit.

Dafür habe ich Untersuchungen herangezogen, die sich mit dem Einfluss des Fernsehens auf das Bewegungsverhalten, das Ernährungsverhalten, die Prävalenz für Übergewicht, sowie mit den langfristigen Folgen, die bis ins Erwachsenenalter hineinreichen, beschäftigen. Außerdem schließt sich noch eine Darstellung der Konsequenzen von Bewegungsmangel in der Kindheit an.

3.5.1 Verändertes Bewegungsverhalten durch Fernsehkonsum?

Definition von „Bewegung" in diesem Zusammenhang

Zunächst einmal soll definiert werden, was unter Bewegung eigentlich zu verstehen ist. Für viele Menschen ist Bewegung gleichbedeutend mit Sport, es sollen jedoch bewusst diese zwei Begriffe voneinander abgegrenzt werden.

Natürlich bewegt man sich beim Sport, der Sport jedoch im engeren Sinne kennzeichnet *„eine konkurrenzorientierte, reglementierte Tätigkeit, bei der Menschen um einer meß- und bewertbaren Leistung willen im Training auf zukünftige Erfolge hin investieren."* (Prohl, 1999, S.13)

„Bewegung" kann man jedoch unter zweierlei Gesichtspunkten betrachten. Einmal unter dem sportlichen Aspekt, also der Bewegung, die dazu beiträgt, körperlich fit zu bleiben, das Herzinfarktrisiko herabzusetzen, Muskeln aufzubauen und Übergewicht zu vermeiden.

Eine andere Betrachtung, die insbesondere die Kinder betrifft, ist eng verknüpft mit dem Begriff der körperlichen Erfahrung, des Erlebens. Hier meint Bewegung einen *„artgerechten Umgang mit dem Körper, so wie unsere Urahnen vor tausenden von Jahren ihren Körper einsetzen mussten um zu überleben."* (Breithecker 2004), also Grundbewegungsfähigkeiten wie Klettern, Laufen, Springen, Hüpfen, Drehen, Schleudern, Balancieren, Schaukeln und Schwingen. Erst wenn diese elementaren Bewegungskenntnisse erworben wurden, ist ein Kind überhaupt in der Lage eine Sportart erfolgreich auszuüben. (vgl. Breithecker 2004)

Auswirkungen von Bewegungsmangel

Mangelnde Bewegung führt zu Übergewicht, welches weitergehende gesundheitliche Schäden zur Folge haben kann. Doch gerade Bewegungserfahrungen sind noch aus anderen Gründen ausgesprochen wichtig für die kindliche Entwicklung.

Der Mensch als Sinnes- und Bewegungswesen entwickelt seinen körperlichen geistigen und seelischen Horizont über motorische und sprachliche Auseinandersetzung mit seiner Umwelt. Das Wort „begreifen" enthält nicht ohne Grund das Wort „greifen". Um Zusammenhänge verstehen zu können müssen Kinder Erfahrungen aus erster Hand machen. Sie müssen Dinge anfassen, fühlen, riechen, hören und sehen bzw. ausprobieren, um sich eine langfristige Vorstellung machen zu können. Eine der ersten Reaktionen eines Säuglings ist das Greifen. Ebenso kann man beobachten, dass kleine Kinder alles in den Mund stecken. Kinder sind ständig in Bewegung, wenn sie nicht durch gesellschaftliche Zwänge daran gehindert werden. Selbst ihre Gefühle werden z. B. durch Springen, Hüpfen, Sich-auf-den-Boden-werfen untermalt.

Das Konkrete ist immer die Grundlage für das Abstrakte. Warum ein runder Gegenstand rollt, versteht ein Kind nicht mit Hilfe von Erklärungen oder Abbildungen, es muss selber ausprobiert und erlebt werden. Begriffe wie Schwung, Gleichgewicht, Schwerkraft und Reibung müssen über elementare Bewegungstätigkeiten kennengelernt werden. (vgl. Breithecker 2004)

Diese „Sucht nach „sensorischen Sensationen" ist eine ganz entscheidende Triebfeder, die wir benötigen, damit unsere Körpernahsinne wie Gleichgewichtssinn und Muskel- und Bewegungssinn sich entwickeln können." (Breithecker 2004)

Schon im 18. Jahrhundert brachte Rousseau die geistige Entwicklung des Menschen in Zusammenhang mit Bewegung: „Wollt ihr also die Intelligenz eures Zöglings fördern, so fördert die Kräfte, die sie beherrschen soll. Übt ständig seinen Körper, macht ihn stark und gesund, um ihn weise und vernünftig zu machen. Lasst ihn arbeiten, sich betätigen, laufen, schreien und immer bewegen!" (in Prohl 1999, S.29)

Mittlerweile ist ein Zusammenhang von Bewegung und geistiger sowie psychisch-emotionaler und sozialer Entwicklung wissenschaftlich belegt.

Auch auf die Sprachentwicklung und mathematischen Fähigkeiten hat die Entwicklung der motorischen Fähigkeiten einen entscheidenden Einfluss.

Wer nicht gelernt hat, sich im Raum zu bewegen, der ist auch nicht in der Lage ein räumliches Vorstellungsvermögen zu entwickeln. So haben etwa Kinder, die nicht rückwärts balancieren können Schwierigkeiten mit dem Subtrahieren.

Kinder, die nicht in der Lage sind, ihre Arme vor dem Brustkorb zu kreuzen oder nicht im Wechsel mit der rechten Hand das linke Knie und umgekehrt berühren können, haben höchstwahrscheinlich auch Probleme mit dem Schreiben.[40]

Des weiteren zeigen sich auch Probleme mit der Gewandtheit, Geschicklichkeit, Kraft, Ausdauer und Schnelligkeit. (vgl. Nitsche 2004)

Woher aber kommen diese Probleme und warum treten sie in unserer heutigen Zeit so gehäuft auf?

Kinder benötigen zum Aufbau ihrer organischen Funktionen eine tägliche Bewegungszeit von zwei bis drei Stunden[41].

Die sozialen und wohnbedingten Umstände binden die Kinder aber heutzutage in starkem Maße an die Wohnung, in der ein Großteil der Zeit statisch passiv sitzend mit Medien (Computer, Fernseher, Video) verbracht wird.

Fast zwei Drittel des Tagens verbringen Kinder mit Sitzen, während Gehen nur etwa 4% der Tageszeit in Anspruch nimmt.

(vgl. http://medizinauskunft.de/artikel/aktiv/fitness/18_03_fernsehen.php)

Dieser Bewegungsmangel kann zu vielfältigen Entwicklungsstörungen wie etwa Lernstörungen, Wahrnehmungs- und Koordinationsstörungen, emotional-sozialen Störungen, Verhaltensstörungen und in besonderem Maße Haltungsschäden führen. (vergl. Breitecker 2004)

Die Rolle des Fernsehkonsums

Wer oft vor dem Fernseher sitzt, hat weniger Zeit zum Bewegen und verbringt viel Zeit in einer inaktiven, starren Körperhaltung- an sich eine logische Schlussfolgerung. Aber ist Fernsehkonsum ein Hauptgrund für körperliche Inaktivität?

---

[40] Eine Diplompsychologin des Schulpsychologischen Dienstes erklärt dieses Phänomen wie folgt: „Bei diesen Bewegungen muss die Mittellinie des Körpers überkreuzt werden, wie das beim Schreiben ebenfalls geschieht. Die Mittellinie des Körpers teilt unser Gehirn in zwei Hälften wobei die linke Gehirnhälfte zuständig ist für Motorik, Sprache und Logik. Haben die Kinder mit diesen Kreuzübungen Schwierigkeiten, können sie diese ebenfalls beim Schreiben haben. (Nitsche 2004)
[41] Empfehlungen aus der „Kinderarztpraxis" geben für die Sechsjährigen sogar eine Zeit von sechs Stunden täglich, für die Achtjährigen fünf Stunden und für die Zwölfjährigen drei Stunden an (Heide 1981)

Leider wurden speziell in Deutschland bisher nur wenige Untersuchungen durchgeführt, die die Frage zu beantworten sollten, ob Fernsehkonsum einen direkten Einfluss auf das Bewegungsverhalten von Kindern hat.

In den wenigen Untersuchungen wird außerdem kaum darauf eingegangen, was mit Bewegung eigentlich gemeint ist. In der Einleitung habe ich bereits dargestellt, dass man den Bewegungsbegriff sehr differenziert betrachten kann.

Bei der bereits beschriebenen Untersuchung von Myrtek und Scharff (2000) zeigte sich, dass Vielseher weniger unterwegs sind, sich weniger bewegen, sowie mehr Zeit im Liegen verbringen.

Während 11-jährige Wenigseher etwa 4,9 % des Tages mit Liegen verbringen sowie 14,5 % der Tageszeit unterwegs sind, liegen die Vielseher über 6,4 % des Tages und sind nur 8% der Tageszeit unterwegs. Die Wenigseher gehen pro Woche etwa 1,8 Stunden spazieren während die Vielseher nur etwa 1,2 Stunden pro Woche dieser Tätigkeit nachgehen. (vgl. Spitzer 2003, S.114)

Sehr intensiv auseinandergesetzt mit dem Thema Fernsehen und Bewegung hat sich der Sportwissenschaftler Prof. Dr. Kleine, der 1997 eine Studie mit 419 Kindern im Alter von 8-13 Jahren durchführte und anhand von Befragungen die verbrachte Zeit vor dem Fernseher mit den Aktivitäten drinnen und draußen in Beziehung setzte.

Er kam zu dem Ergebnis, dass ein Trend zur Innerhäusigkeit unübersehbar ist, die Daten bestätigen allerdings *„nicht die Auffassung, dass Vielseher im Vergleich zu Wenigsehern weniger außer Haus spielen, sich weniger bewegen oder Sport treiben."* (Kleine, 1997, S.489).

Erst ab 36 Fernsehstunden pro Woche ergab sich ein Abfall der Bewegungszeiten, der jedoch aufgrund der geringen Personenzahlen nicht als aussagekräftig angesehen werden kann.

Bei einer Differenzierung der Befunde nach dem Alter zeigte sich aber dann doch ein Einfluss des Fernsehkonsums auf das Bewegungsverhalten.

Besonders bei den 8- und 9-jährigen fanden sich höhere Bewegungsumfänge bei den Wenigsehern, was Kleine darauf zurückführt, dass jüngere Kinder über ein geringeres disponibles Tageszeitpotential verfügen als ältere Kinder und daher den erhöhten Fernsehkonsum nicht über ein Zeitpolster anderer Lebensinhalte wie etwa Schlaf kompensieren können.

Bei älteren Kindern lassen sich auch für Vielseher hohe Bewegungszeiten nachweisen. Kleine vermutet, dass diese Altersgruppe gezielt Bewegung und Sport als Ausgleich zur Bewegungsarmut beim Fernsehen sucht. (vgl. Abbildung 3.5.1 a)

Altersgruppen	Bewegungszeiten außer Haus	
	Wenigseher	Vielseher
8jährige	7,3/5,4/16	5,5/5,9/30
9jährige	7,0/6,2/80	5,3/4,2/65
10jährige	6,1/4,8/73	9,3/6,3/66
11- bis 13jährige	7,7/5,5/42	8,7/6,1/47

Abbildung 3.5.1 a : Bewegungszeiten außer Haus in Stunden pro Woche in Abhängigkeit vom Lebensalter und Fernsehkonsum (Arithmetisches Mittel/ Standardabweichung/ Probendenanzahl) (Kleine, 1997, S. 490)

Betrachtet man nun aber Bewegungstätigkeiten wie Sportvereinsaktivität, die indisponible Zeitvorgaben haben und mit Fernsehzeiten in Kollision treten können, so findet man eine grundsätzlich höhere Bewegungszeit unter den Wenigsehern. (vgl. Abbildung 3.5.1 b)

Altersgruppen	Sportvereinsaktivität	
	Wenigseher	Vielseher
8jährige	1,3/1,7/16	1,2/1,4/30
9jährige	1,3/1,5/80	1,0/1,5/65
10jährige	1,5/1,7/73	1,5/1,4/66
11- bis 13jährige	2,8/2,2/42	1,6/1,3/47

Abbildung 3.5.1 b : Sportvereinsaktivität in Stunden pro Woche in Abhängigkeit vom Lebensalter und Fernsehkonsum (Arithmetisches Mittel/ Standardabweichung/ Probendenanzahl) (Kleine, 1997, S. 490)

Kleine stellt abschließend fest, dass Fernsehgewohnheiten nicht generell, sondern unter sehr komplexen Bedingungen das Bewegungsverhalten und andere Aktivitäten reduzieren. (vgl. Kleine, 1997)

„Sie greifen partiell in die kindliche Bewegungswelt ein und beeinträchtigen diese dann, wenn Kindern vornehmlich über den Faktor Zeit eine ihnen gewohnte, flexible Handhabung von Bewegungs- und Freizeitinhalten nicht mehr möglich ist." (Kunstmann 1987, 2.126)

Es finden sich aber auch Gegner der Theorie, dass ein ausgeprägter Fernsehkonsum zu Bewegungsmangel führt. So möchte Kretschmer (2000) den oben genannten Ansatz zu widerlegen, in dem er zu zeigen versucht, dass sich die motorischen Fähigkeiten der Kinder in den letzten Jahren nicht verschlechtert haben und nicht in Zusammenhang mit Fernsehkonsum stehen.

Zwar erwähnt er eine Studie von Gaschler/Heinicke aus dem Jahr 1990, die belegt, dass sich die Leistungen von Kindern bei motorischen Versuchsaufgaben wie etwa dem „Rumpfvorbeugen" zwischen 1979 und 1989 verschlechtert haben, gleich im Anschluss führt er jedoch zahlreiche Untersuchungen auf, die zeigen, dass *„eine Verschlechterung der Beweglichkeit in den letzten 20 Jahren nicht belegt werden kann"* (Kretschmer 2000, S. 218).

Güldenpfennig (1998) führte 1998 eine Studie mit 162 Kindern, die er nach Stadt- und Landkindern differenzierte, durch, denen er die gleichen Testaufgaben stellte wie 1990 Gaschler/Heinicke. Es zeigte sich, dass die Landkinder das Niveau der Kinder von 1979 erreichten und die Werte der Stadtkinder sogar noch besser ausfielen.

Unter anderem erwähnt Kretschmer eine Untersuchung von Gensch[42] (1999) aus dem Jahre 1999, die zeigen soll, dass keine Beziehung zwischen dem Fernsehkonsum und der motorischen Leistungsfähigkeit nachzuweisen ist.

In dieser Studie wurden motorische Tests mit den Schülern durchgeführt[43] und in Beziehung gesetzt zu den Stunden, die die Kinder vor dem Fernseher verbrachten[44]. Dann wurde ein Assoziationsmaß berechnet, welches nahe bei 0 lag und folglich keinen Zusammenhang aufzeigte. (vgl. Abbildung 3.5.1 c)

---

[42] Diese Untersuchung wurde mit 87 Schülern der Klassen 1- bis 3 aus dem Raum Hamburg durchgeführt.
[43] mit Hilfe des Allgemeinen Sportmotorischen Tests (AST-6-11)
[44] Die Kinder hatten einen Fragebogen neben dem Fernseher liegen, in dem sie Beginn und Ende der Fernsehzeit eintragen sollten.

AST 6–11 Leistungen	Sahen kein TV	... max. 30 Min.	... 30 bis 90 Min.	... mind. 90–180 Min.	... mind. 180 Min.	Pro- banden
Sehr gut	0	0	0	0	0	0
Gut	3	3	7	4	2	19
Befriedigend	7	2	19	7	2	37
Ausreichend	1	1	9	3	0	14
Mangelhaft	1	2	0	2	3	8
Probanden	12	8	35	16	7	78

Abbildung 3.5.1 c : Fernsehkonsum und motorische Leistungsfähigkeit (Gensch, 1999)

Im Anschluss konzentrierte sich Gensch auf einzelne Kinder, wie etwa einen Vielse- her, der sehr gute motorische Leistungen zeigte und eine Wenigseherin, die sehr schlechte motorische Leistungen zeigte. Er fand heraus, dass die familiäre Einstel- lung zu sportlichen Aktivitäten einen großen Einfluss hat, ebenso wie sich eine per- missive Erziehungseinstellung positiv auf die motorische Entwicklung auswirkt. (vgl. Kretschmer 2000, S. 217-223)

Der Aufsatz von J. Kretschmer sollte der Vollständigkeit halber erwähnt werden, be- sonders auch um zu zeigen, wie offen die Ansichten zu diesem Thema noch sind. Dennoch scheint es, als ob Herr Kretschmer äußerst subjektiv an die Fragestellung herangeht. Er hat keine eigene Studie durchgeführt, sondern zieht lediglich andere Studien heran, um seine These zu untermauern.

Dabei erwähnt er zum Teil völlig veraltete Studien aus den 50er Jahren und sucht sich aus Untersuchungen nur die Ergebnisse heraus, die zu seiner Theorie passen. So verweist er auch auf Kleine und schreibt lediglich, dass Fernsehgewohnheiten nicht generell das Bewegungsverhalten reduzieren und Vielseher sich sogar gezielt zum Ausgleich viel bewegen. Die differenzierteren Aussagen dieser Studie werden jedoch nicht aufgeführt. Auch bei den anderen Studien ist sehr schlecht zu erkennen, wie diese wirklich abgelaufen sind und was genau getestet worden ist.

Dennoch ist es nicht zu leugnen, dass Erkenntnisse wie von Gensch aus dem Jahr 1999 die Frage aufwerfen, ob der Einfluss des Fernsehkonsums auf die Motorik wirk- lich so gravierend ist, oder ob nicht andere Faktoren eine weitaus bedeutendere Rol- le spielen.

Zusammenfassend lässt sich sagen, dass es äußerst schwierig ist, Aussagen zur Abhängigkeit des Bewegungsverhaltens vom Fernsehkonsum zu machen. Bei Untersuchungen stellt sich immer die Frage, welche Tätigkeiten der Bewegungszeit zugeordnet werden und welcher Form die Bewegung ist. Natürlich macht es auch einen großen Unterschied, ob ein Kind in der Stadt spazieren geht, oder im Wald auf Bäume klettert. Des weiteren ist die Bewegungsaktivität etwa bei Fußballspielen weitaus höher als beim Gehen.

Eine weitere Schwierigkeit ist es, den Faktor Fernsehen isoliert zu betrachten, da noch ein ganze Reihe anderer Lebensumstände wie etwa die Wohnsituation, die Nutzung anderer Medien und das Bewegungsverhalten der Eltern Einfluss auf das Bewegungsverhalten hat.

Dennoch kann man anhand der vorliegenden Untersuchungen festmachen, dass ein erhöhter Fernsehkonsum Kinder grundsätzlich eher davon abhält sich zu bewegen.

3.5.2   Verändertes Ernährungsverhalten durch Fernsehkonsum?

Wie sieht es nun mit dem Ernährungsverhalten der Fernsehnutzer aus? Essen vielsehende Kinder ungesünder und vielleicht auch mehr?

Wenn man während des Fernsehens isst, konzentriert man sich weniger auf das Essen und isst eventuell mehr, außerdem wäre zu vermuten, dass man doch eher zu Snacks wie Chips und Süßigkeiten greift.

Leider habe ich zu diesem Thema keine Untersuchung aus dem deutschsprachigen Raum gefunden.

Eine amerikanische Studie (Crespo 2001) fand heraus, dass Kinder, die viel fernsehen, mehr Kalorien besonders in Form von Snacks zu sich nehmen.

4.069 Kinder zwischen 8 und 16 Jahren wurden nach Bewegungsaktivitäten, Fernsehkonsum und Essverhalten befragt, außerdem wurden Größe und Gewicht festgestellt.

Mädchen die bis zu einer Stunde pro Tag fernsahen nahmen 1.845 Kilokalorien pro Tag zu sich, während Mädchen die mehr als fünf Stunden fernsahen 2.016 Kilokalorien durch Nahrung aufnahmen. (vergl. Crespo 2001, S. 360-365)

In einer anderen Studie aus den USA, die 91 Familien einbezog, wurde festgestellt, dass fast die Hälfte der Familien während des Essens Fernsehen schaut. Die Kinder dieser Familien nehmen weniger Früchte und Gemüse zu sich als Kinder, die ohne Fernsehen essen.

Außerdem essen Kinder aus Familien mit hohem Fernsehkonsum mehr Fleisch, salzige Snacks und nehmen mehr Koffein zu sich[45]. (vgl. http://www.Cnn.com/ 2001/ HEALTH/children/01/ 08/ tv.eating/)

In einem deutschen Artikel in Internet wird erwähnt, dass eine Studie gezeigt hat, dass Kinder, die viel fernsehen überzeugt sind, dass die Lebensmittel aus der Werbung gut und gesund sind. (vgl. http:// www.3sat.de/nano/astuecke/ 24761)

Aufgrund dieser Ergebnisse ist es dennoch sehr schwer, eine Aussage zu treffen. Schließlich kann es sein, dass in Familien mit hohem Fernsehkonsum grundsätzlich eine ungesündere Lebensweise vorherrscht.

3.5.3 Übergewicht infolge von Bewegungsmangel und falscher Ernährung

Eine Folge von ungenügender Bewegung und schlechter Ernährung ist Übergewicht. Übergewicht ist ein großes Problem unter den Kindern der heutigen Zeit. Jedes dritte Mädchen und jeder vierte Junge ist bereits bei der Einschulung übergewichtig.[46]

Das ist weit mehr als ein kosmetisches oder ästhetisches Problem. Übergewicht kann schon im Kindesalter zu Bluthochdruck, Diabetes, dem Schlafapnoe-Syndrom sowie zu orthopädischen Problemen an Füßen, Hüft- und Kniegelenken, Haltungsschäden und beschleunigtem Wachstum führen.

Die bereits erwähnte amerikanische Studie (Crespo 2001) untersuchte an 4.069 Kindern über einen Zeitraum von 6 Jahren den Zusammenhang zwischen der vor dem Fernseher verbrachten Zeit und der Prävalenz der Adipositas[47].

---

[45] Children from families with high television use consumed 6 percent more of their total daily energy intake from meats, 5 percent more from salty snacks and pizza and 5 percent less from fruits and vegetables than children from families with low television use.(http:// www.Cnn.com/ 2001/ HEALTH/children/ 01/ 08/ tv.eating/)
[46] „Die Deutsche Gesellschaft für Ernährung ermittelte bei einer Untersuchung von Kindern und Jugendlichen, dass bei 5% das Gewicht erheblich und bei weiteren 12% deutlich über dem Referenzgewicht lagen"(BzgA1994 in Settertoulte 1997, S.3)
[47] Fettleibigkeit

Bei einem Fernsehkonsum von unter einer Stunde lag die Prävalenz bei 8%, bei 2 Stunden stieg sie auf 10,5%, ab 3 Stunden auf 15% und ab einer Fernsehdauer von 4 Stunden erreicht sie den Grenzwert von 18%. (vgl. Crespo 2001, S. 360-365)

Auch eine Schweizer Studie (Stettler 2004), an der 872 Kinder der ersten bis dritten Klasse aus dem Raum Zürich teilnahmen[48], bestätigte, dass sich mit steigendem Fernsehkonsum das Übergewichtsrisiko erhöht. Weitere Risikofaktoren waren außerdem die Berufstätigkeit der Mutter, Video und Computerspielen sowie der Tabakkonsum des Vaters. (vgl. Stettler 2004, S. 896-903)

Bei einer weiteren amerikanischen Studie vom Research Institute Bassett Healthcare wurde ebenfalls belegt, dass das Risiko, übergewichtig zu werden, sich mit steigendem Fernsehkonsum erhöht. Des weiteren wurde festgestellt, dass Kinder mit einem eigenen Fernsehgerät im Zimmer noch mehr Zeit mit Fernsehen verbringen und daher besonders gefährdet sind. (vergl. http:// pediatrics.aappublications.org/ cgi/ content/ abstract/109/6/1028)

3.5.4 Auswirkungen auf die Gesundheit im Erwachsenenalter

Wie bereits beschrieben, gibt es einige Studien, die den Zusammenhang zwischen Fernsehkonsum und körperlicher Fitness, Fettleibigkeit und Übergewicht bei Kindern untersuchten, wobei einige Zusammenhänge aufzeigten, andere wiederum keine signifikanten Beziehungen ausmachen konnten.

Im Juli dieses Jahres wurde eine Langzeit-Längsschnittstudie beendet, die erstmals Auswirkungen von Fernsehen in der Kindheit auf die Gesundheit im Erwachsenenalter untersuchte.

An der Studie (Hancox 2004) nahmen etwa 1000 neuseeländische Probanden teil, die zwischen März 1972 und April 1973 geboren wurden.

Im Alter von 5, 7, 9, und 11 Jahren der Kinder gaben die Eltern jeweils an, wie viel Zeit die Kinder pro Woche vor dem Fernseher verbringen, im Alter von 13, 15 und 21

---

[48] Die Kinder wurden befragt, wie viel Zeit sie täglich vor dem Fernseher verbringen. Außerdem wurden Daten zur körperlichen Aktivität nach Einschätzung der Lehrer sowie zur ethnischen Herkunft, Zahl der Geschwister, Raucherstatus der Eltern und Zahl der Geschwister erhoben.

Jahren wurden die Kinder selbst nach ihrem Fernsehkonsum befragt. Dann wurde im Alter von 26 Jahren der Gesundheitszustand in Form von folgenden Daten ermittelt: Body-Mass-Index[49], Blutdruck, Cholesterinwerte, körperliche Fitness[50], sowie Zigarettenverbrauch.

Um andere Faktoren weitgehend auszuschließen zu können, wurden alle paar Jahre weitere Daten wie der Sozialstatus der Familie, der Zigarettenkonsum der Eltern, der Body-Mass-Index der Eltern und die Fitness der Kinder erhoben.

Hierbei wurde festgestellt, dass ein erhöhter Fernsehkonsum im Zusammenhang steht mit einem niedrigeren Sozialstatus, rauchenden Eltern, einem höheren Body-Mass-Index der Eltern sowie einem erhöhten Body-Mass-Index des Kindes im Alter von 5 Jahren.

Nach Einbeziehen dieser anderen beeinflussenden Faktoren konnte festgestellt werden, dass ein erhöhter Fernsehkonsum in der Kindheit sich negativ auf den Gesundheitszustand im Erwachsenenalter auswirkt. 17% der Gewichtsprobleme, 15% der erhöhten Cholesterinwerte, 17% der Raucher und 15% des schlechten Herz- und Gefäßzustandes konnten mit einem exzessiven Fernsehkonsum als Kind oder Teenager in Verbindung gebracht werden. Ein direkter Zusammenhang zu den Blutdruckwerten konnte nicht festgestellt werden. (vgl. Abbildung 3.5.4)

Natürlich kann auch diese Studie den Zusammenhang nicht mit absoluter Sicherheit belegen. Es könnte schließlich auch sein, dass Menschen, die eine natürliche Veranlagung für Übergewicht und schlechte körperliche Fitness haben, aus diesem Grund lieber und öfter Fernsehen als anderen Aktivitäten nachzugehen.
Dennoch wurde die Studie mit einem sehr großen Aufwand betrieben und durch die Ermittlung zahlreicher „Nebendaten" wurde versucht andere Zusammenhänge weitestgehend mit einzubeziehen und so Ergebnisse zu bekommen, die einen direkten Bezug zur Fernsehdauer haben.

---

[49] Errechnet aus Größe und Gewicht: Gewichte/ Größe(in m)^2
[50] Diese wurde anhand der Herzschlagfrequenz während einer körperlichen Belastung (auf dem Fahrradergometer) festgestellt.

Als Begründung, warum sich ein erhöhter Fernsehkonsum negativ auf die Gesundheit auswirkt, wurden auch hier schlechte Ernährungsgewohnheiten und mangelnde
Bewegung festgemacht. (vgl. Hancox 2004, S.257-262)

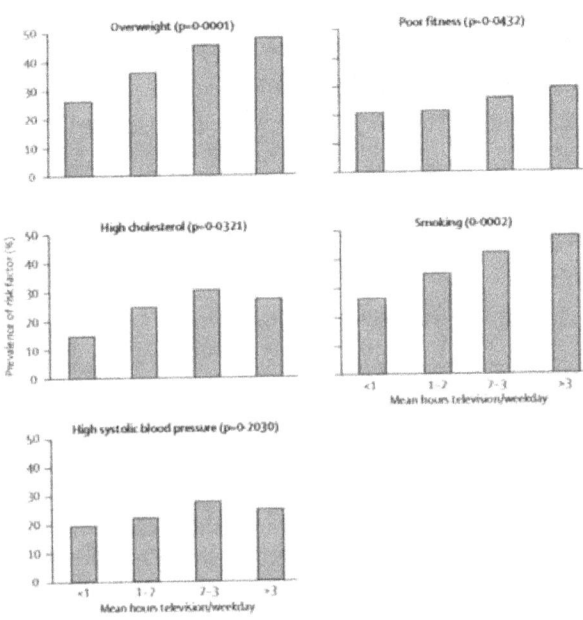

Abbildung 3.5.4 : Fernsehkonsum von Kindern und Jugendlichen sowie die Prävalenz
von Risikofaktoren im Alter von 26 Jahren (vgl. Hancox 2004, S.259)

4 Ausblick: Fernseherziehung als Gesundheitserziehung

Nach den zwei vorausgegangenen Kapiteln kann man zwar nicht exakt festmachen, wie Fernsehen auf Kinder wirkt und welche Folgen ein zu hoher Fernsehkonsum hat, zwei eindeutige Aussagen kann man allerdings treffen (vgl. Weiler 1999, S. 176):

1. Dem Einfluss von Medien und insbesondere auch dem Fernsehen kann man sich in unserer heutigen Gesellschaft nicht völlig entziehen.
2. Medien haben immer eine Wirkung, d.h. Medien können nicht nicht wirken.

Gerade in unserer heutigen Gesellschaft, in der alte Orientierungssysteme wie zum Beispiel Dorfgemeinschaften oder die Kirche zunehmend unbedeutender werden, Eltern weniger Zeit für ihre Kinder haben, die Familiensituationen immer schwieriger werden, suchen Menschen nach Orientierungen und finden diese in den Medien. (vgl. Schorb 2001, S. 17)

Das Fernsehen wird dabei neben den Eltern zum *„heimlichen Miterzieher"* (Meyer-Hesemann 2001, S. 197), wenn es allerdings auch aufgrund der großen Vielfalt von Dargebotenem und vertretenen Meinungen und Ansichten keine konkreten Hilfen bietet.

Das Fernsehen erfüllt für Kinder vielfältige Aufgaben: Es zeigt eine Welt, die man so nicht kennen würde, gibt einen Einblick in das Erwachsenenleben, aber auch die Möglichkeit in eigenen für Erwachsenen unverständlichen Welten zu leben und sich so abzugrenzen. In den Phantasiewelten des Fernsehens (er)leben Kinder ihre Freiräume. Träume, Wünsche, Ängste und Hoffnungen können mit Hilfe von Fernsehfiguren ausgelebt werden, sie können anhand von Fernsehthemen ihre eigene Lebenssituation sowie die eigene Handlungsmöglichkeiten reflektieren und eine Geschlechterrolle herausbilden.

Das Fernsehen bietet Möglichkeiten und Anregungen, birgt aber auch Gefahren.

Aber gerade diese Gefahren bereiten Eltern Angst und verunsichern, da sie nicht genau festzumachen sind. In unserer heutigen Alltagswelt, die mittlerweile eine Medienwelt ist, gilt es, Kinder zu einem sicheren verantwortungsvollen Umgang mit Medien anzuleiten und ihnen so zu helfen, sich in unserer modernen Gesellschaft zurechtzufinden.

Im Bemühen um eine Fernseherziehung, kann ein Einblick der Eltern in von Kindern favorisierte Sendungen dazu beitragen, Anliegen und Probleme der Kinder zu erkennen. (vgl. Paus-Haase 2001, S. 107-114)

Wenn das Fernsehen als Gefahrenquelle behandelt wird und apokalyptische Szenarien als Folge der Medienwelt heraufbeschworen werden, so hilft das keinem Kind, sondern verunsichert nur. Eltern, die aus lauter Angst ihren Fernseher abschaffen oder ständig dem Kind einreden, wie gefährlich und ungesund Fernsehen ist, sind für die Entwicklung des Kindes wenig förderlich. (vgl. Barthelmes, 1999, S. 127)

„Weil der Bildschirm ins Leben der Kinder integriert ist, müssen wir es auch zulassen, dass sie ihre Fernseherlebnisse und das Bildmaterial in ihr Alltagsleben integrieren und sie dabei unterstützen. Wir sollten Kinder nicht zwingen, in zwei Welten zu leben, in der „ordentlichen" Welt der Erziehung, Bildung und des guten Buches sowie der „schmutzigen" Welt des banalen Medienmarktes und Bildschirms." (Bachmeir 2001, S. 66)

Ziel sollte daher sein, im Elternhaus und in der Schule eine vernünftige Medienerziehung anzustreben, so dass das Kind lernt, verantwortungsvoll und selbstbewusst mit dem Fernsehen umzugehen, damit sich die Gefahren, die vom Fernsehen ausgehen können, minimieren.

4.1 Öffentliche Fernsehreglementierung

Von öffentlicher Seite gibt es einige Institutionen, die in Hinblick auf den Kinder- und Jugendschutz Filme und Sendungen überwachen, indizieren und kennzeichnen.

Die „Zentralstellen zur Bekämpfung pornografischer Schriften" verbieten die Ausstrahlung von Filmen, die inhaltlich gegen eine Bestimmung des Strafgesetzbuches verstoßen (rassistische oder pornografische sowie gewaltverherrlichende Darstellungen).

Die „Bundesprüfstelle für jugendgefährdende Schriften" prüft, ob ein Film jugendgefährdend ist und indizieren ihn bei Bedarf. Dann darf dieser Film nur zwischen 23 und 6 Uhr im Fernsehen ausgestrahlt werden.

Die „Freiwillige Selbstkontrolle der Filmwirtschaft- FSK" prüft im Auftrag der Jugendministerin der Bundesländer Kino- und Videofilme und legt dann fest, ab welchem Alter der Film geschaut werden darf. Hierbei gibt es die Kategorien: ohne Altersbeschränkung, ab 6 Jahren, ab 12 Jahren, ab 16 Jahren und ab 18 Jahren.

Natürlich wird dabei nur berücksichtigt, ob Kinder von den Filmen Schaden nehmen könnten, nicht jedoch, ob die Filme für Kinder verständlich oder pädagogisch zu empfehlen sind.

Alle Filme bis „freigegeben ab 12 Jahren" dürfen dann zu jeder Zeit im Fernsehen gesendet werden, Filme ab 16 Jahren erst ab 22 Uhr und Filme ab 18 Jahren erst ab 23 Uhr. (vgl. Lerchemüller-Hilse 1998, S.85-87)

Diese Altersempfehlungen geben Eltern zwar Anhaltspunkte, ob sie ihrem Kind einen Film lieber verbieten sollten, dennoch kann man sich auch mit diesen Angaben nicht sicher sein, ob der Film für das Kind geeignet ist.

Kinder selber hindern diese Beschränkungen weniger daran einen Film zu schauen. Gerade der Reiz etwas Verbotenes zu sehen erhöht die Lust daran.

Seit 1993 gibt es neben der FSK auch die „Freiwillige Selbstkontrolle Fernsehen-FSF", als Zusammenschluss privater Rundfunkanbieter. Diese Institution prüft stichprobenartig Fernsehsendungen, hauptsächlich Serien, Filme und Talkshows und stimmt mit dem jeweiligen Sender ab, ob und zu welchen Zeiten die Beiträge gesendet werden dürfen oder ob Schnitte nötig sind. (vgl. Lerchemüller-Hilse 1998, S.87)

In den USA wurden 1996 von der Regulierungsbehörde FCC[51] den Rundfunkanstalten vorgeschrieben, Sendungen zu kennzeichnen. Dabei gab es Buchstaben für Programme mit für Kinder problematischen Inhalten aber auch für lehrreiche pädagogisch wertvolle Sendungen.

In einem Experiment mit 169 durchschnittlich 8 jährigen Kindern wurde überprüft, welchen Effekt die Kennzeichnung E/I (educational/informational) auf das Sehverhalten der Kinder hat.

Den Kindern wurde dabei eine E/I-gekennzeichnete Sendung gezeigt. Einer Kontrollgruppe wurden keine Informationen darüber gegeben, der anderen Gruppe wurde erklärt, dass diese Sendung pädagogisch wertvoll ist. Dann wurde beobacht und erfragt, wie sehr die Kinder die Sendung mochten, wie aufmerksam sie zuschauten und was sie inhaltlich behielten.

Während ältere Mädchen sich mehr für die Sendung interessierten, wenn sie eine E/I-Kennzeichnung hatte, so rief dies vor allem bei älteren Jungen eine Abwehrhaltung hervor.

---

[51] Federal Communications Commission

In anderen Studien wurde festgestellt, dass eine Sendung, wenn darauf hingewiesen wird, dass sie viel Gewalt beinhaltet, besonders attraktiv für einige Kinder wird. (vgl. Krcmar 2000 S. 674-689)

Es zeigt sich also, dass öffentliche Fernsehprüfungen nicht ausreichen, damit Kinder nur ihrem Alter und ihrer Person angemessene Fernsehinhalte konsumieren. Eine Beschäftigung der Eltern mit diesem Thema ist daher unabdingbar.

4.2 Fernseherziehung im Elternhaus

Was können Eltern für ihre Kinder in Bezug auf das Fernsehverhalten tun?
Zunächst einmal sollte ein Bewusstsein dafür entwickelt werden, welche Chancen und Gefahren Fernsehen beinhaltet und was Fernsehen für Kinder bedeutet.
Natürlich macht es keinen Sinn, einfach aus Angst das Fernsehen zu verbieten oder aber Fernsehen zu einem Gegenstand von Machtkämpfen werden zu lassen. Vielmehr sollte gemeinsam über dieses Thema gesprochen werden, Absprachen vereinbart und Grenzen gesetzt werden.
Es sollte dabei immer noch ein Leben außerhalb der Fernsehwelt geben. Ein Kind braucht echte soziale Kontakte und Erlebnisse und besitzt ausreichend eigene Phantasie und Kreativität, um sich zu einem eigenständigen Individuum entwickeln zu können. (vgl. Wilkins 1986, S.62)

4.2.1 Aktuelle Situation

In einer 2001 durchgeführten Studie wurden 162 Eltern (vorwiegend Mütter) von Kindern mit einem Durchschnittsalter von 5 Jahren per Internet befragt, wie sie den Fernsehkonsum ihrer Kinder handhaben.
Fast alle gaben an, Regeln für sinnvoll zu erachten. Die Fernseherziehung beschränkt sich jedoch zumeist auf zeitliche Limitierungen sowie inhaltliche Kontrollen.
Auf die Frage nach den geeignetsten Sendung wurden am häufigsten „Die Sendung mit der Maus", „Löwenzahn", „Sesamstraße", „Biene Maja", das „Sandmännchen" sowie Tiersendungen genannt. Für ebenfalls unbedenklich wurden Unterhaltungsshows wie „Wetten dass...?" eingestuft. (vgl. Götz 2001, S41-48)

In der „Dinofon" Kinder- Panel- Befragung des ZDF, die zwischen den Jahren 1993 und 1997 durchgeführt wurde und in der ca. 1000 Kinder zwischen 6 und 15 Jahren, sowie deren Eltern schriftlich und per Interview befragt wurden, zeigten sich nahezu alle Eltern unzufrieden mit dem aktuellen Fernsehangebot. Besonders die über 40jährigen äußerten sich negativ zu dem hohen Anteil an Sex- und Gewaltdarstellungen.

Eltern wünschen sich für ihre Kinder ein vorwiegend informatives, lehrreiches aber auch lustiges und unterhaltsames Programm, das altersadäquat und gewaltfrei sein sollte[52]. Für eine geeignete Programmauswahl nutzen 74% der Eltern Programmzeitschriften, 18% Trailer oder bereits bekannte Inhalte, eine weitere Informationsquelle sind die Meinungen von Bekannten.

80 % der Befragten wünschen sich eine medienpädagogische Begleitung für ihre Kinder sowie eine unabhängige Informationsinstanz für Fernsehsendungen.(vgl. Weiler 1999, S. 177-181)

In einer belgischen Untersuchung (Bulck 2000) aus dem Jahre 2000, bei der 519 Kinder zwischen 10 und 11 Jahren zu ihrem Medienkonsum und zum Medien-Erziehungsverhalten ihrer Eltern befragt wurden, zeigte sich, dass man zwischen drei Arten von Erziehungsverhalten unterscheiden kann:

- Restriktionen (zeitlich, inhaltlich, völliges Fernsehverbot)
- Evaluation (Erläuterung und Bewertung der Inhalte)
- Co-Viewing (gemeinsames Fernsehen)

Bei den Restriktionen ging die Fernsehzeit zwar zurück, die Kinder wichen jedoch auf andere Medien aus. Die anderen zwei Maßnahmen, die jedoch von Eltern bedeutend weniger eingesetzt werden, sind dagegen viel wirkungsvoller, was den langfristigen positiven Umgang mit dem Fernsehen angeht. (vgl. Van den Bulck 2000, S329-348)

Die vorgestellten Untersuchungen verdeutlichen, dass den meisten Eltern viel daran liegt, ihre Kindern zu "vernünftigen Fernsehkonsumenten" zu erziehen, dass viele

---

[52] Alter, Geschlecht und Bildung der Eltern nahmen keinen bedeutenden Einfluss auf diese Forderungen

Eltern allerdings etwas hilflos sind oder aber nicht wirklich zu den geeigneten Maßnahmen greifen.

Im folgenden sollen daher einige Regeln für eine angemessene Fernseherziehung
vorgestellt werden (vgl. Lerchemüller-Hilse 1998, S.57-84 und Rogge 1997, S. 145-
148). Natürlich gelten diese Regeln nur als Anregung, eine individuelle Fernseherziehung muss jeweils auf das Kind, die Familie und das Umfeld abgestimmt werden.

4.2.2   Regeln für eine sinnvolle Fernseherziehung

Auch wenn man rein technisch gesehen nur auf den Einschalt-Knopf drücken und
dann auf den Bildschirm schauen muss, einen Vorgang, den ein Kind schon mit einem Jahr beherrscht, so muss „richtiges Fernsehen" wie alles im Leben erlernt werden. Einige gehen dabei sogar soweit, zu sagen: das *„Verstehen der Sprache der
Medien und das „Sich-in-diesen-Medien-ausdrücken-Können" erweitert das Lesen,
das Rechen und das Schreiben um eine vierte Kulturtechnik."* (Meyer-Hesemann,
S. 199)

Altersabhängiges Fernsehen

Eine Grundvoraussetzung für jegliche Fernseherziehung ist, dass man stets das Alter des Kindes im Auge hat und die Regeln dem jeweiligen Alter angemessen fest-
legt.

Wichtig ist, dass ein Kind erst dann mit dem Fernsehen beginnt, wenn seine Sprachentwicklung weitgehend abgeschlossen ist, da das Kind sonst nicht in der Lage ist,
das Gehörte zu verstehen. Das Fernsehen ist nicht dazu geeignet, einem Kind das
Sprechen beizubringen.

Weiterhin sollte beachtet werden, dass Regeln, die bei einem kleineren Kind sinnvoll
sind, etwa bei einem pubertierenden Kind, das schon eine gewisse Selbstständigkeit
besitzt, gegenteilige Auswirkungen haben können.

Klare Grenzen setzen

Auch wenn zeitliche und inhaltliche Restriktionen eine Fernseherziehung alleine nicht
ausmachen, so sind sie doch wichtig. Ein Kind hat nur eine begrenzte Konzentrationsfähigkeit und benötigt länger als ein Erwachsener, um das Gesehene zu verarbei-

ten, weshalb die Sehzeit zu begrenzen ist. Außerdem sollte noch genug Zeit für andere Tätigkeiten bleiben.

Das Fernsehen sollte gegenüber anderen Beschäftigungen immer zweitrangig bleiben. Das bedeutet, das Fernsehen muss sich immer dem Tagesablauf unterordnen und nicht umgekehrt.

Am besten vereinbart man mit dem Kind von vorneherein klare Regeln, etwa wie lange pro Tag fern gesehen werden darf, innerhalb welches Zeitfensters, welcher Tag fernsehfrei sein soll, usw. Wichtig ist es dabei, die Gründe für diese Grenzen deutlich zu machen, damit dass Kind nicht das Gefühl bekommt, sich in einer untergeordneten Position zu befinden und der Macht der Eltern ausgeliefert zu sein. Natürlich können diese Regelungen in Einzelfällen gebrochen werden, damit etwa ein Film, der länger dauert, nicht mittendrin unterbrochen werden muss.

Es sollte weiterhin darauf geachtet werden, dass nicht direkt vor dem Schlafengehen fern geschaut wird, sowie dass Fernsehen nicht zu einer Nebenbeschäftigung beim Essen oder bei den Hausaufgaben wird.

Auswahl der Programminhalte

Auch wenn es sehr zeitaufwändig ist, so sollte man sich die Zeit nehmen jeweils am Anfang der Woche mit dem Kind das Fernsehprogramm durchzusehen und gemeinsam einen Fernsehplan zu erstellen, welche Sendungen wann geschaut werden dürfen.

An diesen Plan müssen sich dann beide Parteien, sowohl Eltern als auch Kinder halten. Gerade jüngeren Kinder wird es oft schwer fallen sich für nur eine oder zwei Sendungen an einem Tag zu entscheiden. Bei Bedarf kann man auf den Videorecorder zurückgreifen. Die „Qual der Wahl" trägt jedoch auch zur Entwicklung der Entscheidungsfähigkeit und Ichstärke des Kindes bei. Man sollte jedoch auf jeden Fall immer konsequent zu den Absprachen stehen.

Auf den Inhalt der Sendungen bezogen ist es förderlich, wenn Eltern tolerant sind und akzeptieren, dass Kinder einen anderen Geschmack haben als Erwachsene.

Gespräche

Es ist auf jeden Fall sinnvoll, mit den Kindern über das Gesehene zu sprechen, wobei aber auf Drohungen, Moralisieren, Ausfragen oder Nicht-Erstnehmen unbedingt verzichtet werden muss, da sich die Kinder sonst unverstanden, nicht ernst genommen oder verletzt fühlen.

Bei einem guten Vertrauensverhältnis kann man dem Kind natürlich seine Meinung zu dem Programm verdeutlichen und auch begründen.

Mit Äußerungen wie „ Was siehst Du denn da für einen Schwachsinn…" oder „So einen Mist willst Du doch nicht wirklich ansehen, das schalten wir am besten ab…" erreicht man nur eine Abwehrhaltung des Kindes gegenüber den Ansichten des Erwachsenen.

Anders sieht es natürlich aus, wenn die konsumierten Sendungen zu gewalttätig oder nicht altersangemessen sind. Ansonsten ist es langfristig wirkungsvoller, den Geschmack des Kindes zu akzeptieren und lieber in einer Diskussion zu besprechen, warum das Kind die Sendung gerne schaut, bzw. warum man selber die Sendung ablehnt. So kann sich das Kind eher mit der Kritik der Eltern auseinandersetzen und seine Meinung überdenken.

Wenn das Kind während des Zuschauens Fragen stellt, zeigt dies Verständnisprobleme, die möglichst bald zu klären sind. Ein Redeverbot beim Fernsehen kann dazu führen, dass ein Kind inhaltlich nicht mehr mitkommt oder dass es keine Möglichkeit bekommt, Spannungen und Erregungen abzubauen.

Gemeinsames Fernsehen

Gerade kleinere Kinder sehen nicht so gerne alleine fern. Ein Fernsehpartner bietet Sicherheit, indem man sich z. B. an ihn kuscheln kann und man hat zusammen mehr Spaß. Es ist also nichts dagegen einzuwenden, wenn eine Familie gemeinsam eine Show ansieht, sich dabei unterhält, Kommentare abgibt und sich amüsiert.

Bei älteren Kindern hingegen wirkt die Anwesenheit der Eltern eher wie eine Kontrolle. Hier sind gleichaltrige Freunde die bessere Gesellschaft.

Verarbeitung und Nachbereitung

Kinder verarbeiten Fernsehen anders als Erwachsene. Während des Zuschauens verhalten sie sich oft sehr dynamisch mit ausgeprägter Mimik und Gestik. Es ist daher nicht förderlich die Kinder zum ruhig sitzen und stillsein zu zwingen.

Auch nach dem Fernsehen erfolgt eine Nachbereitung des Gesehenen oft in Rollenspielen mit anderen oder im Nachspielen mit Spielzeugfiguren. Es kann dabei auch eine Abwandlung in Bezug auf das eigene Leben erfolgen. Wenn man die Kinder in diesem Spiel beobachtet kann man viel darüber erfahren, welche Wirkung das Programm auf sie hat. Vor allem ist es aber wichtig ihnen genug Zeit und Raum zu geben für ihre Form der Aufarbeitung.

Vorbildfunktion der Eltern

Besonders kleine Kinder lernen sehr viel durch Orientierung an ihren Eltern sowie Nachahmen von Verhaltensweisen.

Daher ist es wichtig, dass Eltern ihren Kindern einen verantwortungsbewussten Umgang mit dem Fernsehen vorleben. Etwa dass man das Fernsehprogramm verwendet und nicht wahllos schaut und zappt. Wenn ein Kind mitbekommt, dass Eltern das Fernsehen als Entspannung von der Arbeit verwenden, so wird es auch diese Form der Entspannung nach der Schule kopieren. Auch Meinungen der Eltern zu dem Dargebotenen werden vom Kind zu einem großen Teil übernommen. Daher sollte man als Eltern stets das eigene Fernsehverhalten überdenken.

Eine Hilfe bieten hierbei die folgenden Fragen:

„Aus welchem Grund haben Sie die letzte Woche ferngesehen?
Was bedeutet Fernsehen für Sie?
Wann schalten Sie den Fernseher ab?
Wie reagieren sie auf Filme/Sendungen?
Wie reagieren Sie auf emotionale Filminhalte?" (Lerchenmüller-Hilse1998, S. 74)

Motive klarmachen

Wenn man der Meinung ist, dass ein Kind zu viel Fern sieht oder aber einen sehr merkwürdigen Geschmack hat, dann sollte man nicht einfach Verbote aussprechen, sondern versuchen, die Motive zu ergründen und hier ansetzen.

So können sich etwa Probleme in der Schule, mit Freunden oder mit den Eltern, schwierige Lebenssituationen, Einsamkeit, fehlende Freizeitalternativen oder aber auch ein schlechtes elterliches Vorbild in hohem Fernsehkonsum äußern.

Fernsehverbote

Das Fernsehen sollte keinesfalls als Erziehungshelfer eingesetzt werden. Zu strenge Fernsehverbote führen zu Machtkämpfen und heimlichem Fernsehen etwa bei Großeltern, Freunden oder Abwesenheit der Eltern, aber keinesfalls zu einem Vertrauensverhältnis. Ein Fernsehverbot als Strafe macht nur dann Sinn, wenn das Kind ein Fehlverhalten in Bezug auf das Fernsehen begangen hat, da Strafen immer im zeitlichen und inhaltliche Zusammenhang zu dem Vergehen des Kindes stehen sollten.

Hat das Kind also seine Fernsehzeit gravierend überzogen oder aber sich heimlich nicht erlaubte Sendungen angesehen, so kann ein Verbot durchaus sinnvoll sein.

Fernsehen als Belohnung einzusetzen, führt dazu, dass es extrem aufgewertet wird und eine zu große Bedeutung bekommt.

Ein weiteres ungünstiges Verhalten von Eltern ist es, das Fernsehen als „Babysitter" einzusetzen, wenn die Kinder zu sehr nerven oder wenn man einfach mal seine Ruhe haben möchte. Das Kind sieht dann nämlich nicht fern, weil es gerade Lust dazu hat und lernt so einen Einsatz zur Beschäftigung oder zum Vertreiben der Einsamkeit.

Standort des Fernsehers

Sehr wichtig für das Fernsehverhalten innerhalb des Familie ist der Standort des Fernsehers.

Weniger günstig ist es, ihn an einem zentralen Ort zu platzieren, das so eine große Versuchung besteht, ihn neben anderen Tätigkeiten oder beim Essen laufen zu lassen. Außerdem schaut so oft die ganze Familie mit, wenn eigentlich nur ein Mitglied etwas sehen will. Besser ist es daher den Fernseher eher in einer ruhigen Ecke zu platzieren, so dass man sich gezielt dafür entscheiden muss, sich davor zu setzten und eine Sendung auszuwählen.

Ein eigener Fernseher im Kinderzimmer sollte, wenn überhaupt, erst nach der Grundschulzeit angeschafft werden. Zusätzlich muss das Kind genug Einsicht und Zuverlässigkeit besitzen, um sich auch so an die Regeln zu halten.

Ergänzende Angebote

Eigenes Erleben und Erfahrungen sind bedeutend für die kindliche Entwicklung. Kinder müssen lernen, etwas selbst herzustellen, Dinge selbst zu tun und alle Sinne einzusetzen, statt nur Fertiges zu konsumieren, Dinge zu kaufen, alles für sich tun zu lassen und sich nur auf Augen und Ohren zu beschränken.

Daher ist es wichtig, dem Kind neben dem Fernsehen vielfältige Anregungen zu bieten, wie das Kennenlernen von anderen Medien (z.B. durch Vorlesen von Geschichten), Interaktion mit anderen Menschen, handwerkliche Tätigkeiten (z.B. Basteln), Erfahren der echten Natur (z. B. ein Waldspaziergang) und Bewegungserfahrungen. Hat das Kind genügend interessante Alternativen zum Fernsehen, so wird das Fernsehen nur noch eine Randerscheinung im Leben des Kindes sein. (vgl. Lerchemüller-Hilse 1998, S.57-84 und Rogge 1997, S. 145-148)

4.3 Schulische Fernseherziehung

In unserer heutigen Gesellschaft werden mehr und mehr Stimmen laut, die eine Medienerziehung in der Schule und eventuell sogar schon im Kindergarten fordern.

Diese Medienerziehung sollte dabei nicht nur eine kurze Unterrichtseinheit umfassen, sondern als Querschnittsthema integriert sein in alle Fächer, über sämtliche Jahrgangsstufen verteilt und auf alte und neue Medien bezogen sein.

Ziel ist es dabei, die Kinder auf *ein „sachgerechtes, selbstbestimmtes, kreatives und auch sozial verantwortliches Handeln in einer von Medien geprägten Welt"* vorzubereiten (Meyer-Hesemann 2001, S.199). Neben einer funktionalen Beherrschung der Medien geht es dabei auch um die Fähigkeit, die Medieninhalte kritisch auszuwerten und nur selektiv zu verwenden.

Tucholski und Six (2000) haben die für die Grundschule relevanten Aufgabenbereiche der Medienerziehung folgendermaßen zusammengefasst (Tucholski 2000, S. 481):

1. *reflektierte Auswahl und Nutzung von Medienangeboten (von Produkten, Werkzeugen und Kommunikationsdiensten)*

2. *verantwortungsbewusste Gestaltung und Verbreitung eigener Medienbeiträge*

3. *Verstehen und Bewerten der „Sprache" der Medien bzw. ihrer Gestaltungsmöglichkeiten und -grenzen*

4. *Erkennen und Aufarbeiten von Medieneinflüssen auf Individuum und Gesellschaft, auf Gefühle und Denkmuster sowie auf Verhaltens- und Wertorientierungen*

5. *erste Auseinandersetzungen mit ökonomischen und rechtlichen Bedingungen der Medienproduktion und Medienverarbeitung*

Einige Fragestellungen, die hierbei im Unterricht behandelt werden können sind zum Beispiel:

„Wie können Angebote zur Information, zur Unterhaltung oder zur Bildung genutzt werden? Wie können wir in der Schule Zeitungen, Hörspiele und Videofilme selbst herstellen? Wie werden Medien produziert? Und welche Wirkungen haben sie auf Gefühle und Vorstellungen, auf Verhaltensweisen und Wertorientierungen? Kann man Meldungen und Berichten uneingeschränkt Glauben schenken? Was ist Information, was ist Meinung?" (Meyer-Hesemann 2001, S.199)

Auch im Kindergarten könnte man Medienerlebnisse bereits in den Alltag einbeziehen, sei es nur in der Form, dass man Kindern zuhört und nachfragt, wenn sie etwas vom Fernsehen erzählen, dass man sie Fernseherlebnisse nachspielen oder malen und basten lässt.

Eine Untersuchung[53] hat allerdings ergeben, dass 37% der Erzieherinnen es einfach ignorieren, wenn Kinder Szenen aus Filmen erzählen oder nachspielen und sogar 57% dieses Verhalten als negativ bewerten und versuchen, die Kinder zu einer anderen Tätigkeit zu bewegen.(vgl. Six 2000, S. 161)

4.3.1 Aktuelle Situation in der Schule

Nicht nur in den Kindergärten, auch in der Grundschule wird eine Medienerziehung bisher nur ansatzweise oder teilweise sogar überhaupt nicht praktiziert.

Wirft man einen Blick in den Hessischen Rahmenplan für Grundschulen, so findet man recht wenig zu diesem Bereich. Es wird lediglich an einer Stelle kurz darauf hingewiesen, dass die Kinder in einer technisch geprägten Welt aufwachsen und das man darauf achten soll, dass die Technikerfahrungen weder zu einem unreflektierten Fortschrittsglauben, noch zu einer Technikfeindlichkeit mit unrealistischer Naturnostalgie führen sollen.

Bei der praktischen Umsetzung heißt es hier immerhin: *„Sachgemäßer Umgang mit und kreativer Gebrauch von technischen Geräten und Medien (Hörspiele, Videoaufnahmen, Klassenzeitung am PC) „* sowie *„Erproben der Manipulationsmöglichkeiten*

---

[53] 1997 wurden im Auftrag der Landesanstalt für Rundfunk (NRW) 602 Kindergärtnerinnen per Telefoninterview befragt

von Medien (Fotos verfremden, Filmszenen analysieren)" und *„Unterrichtsgespräche über Erwartungen und Ängste im Zusammenhang mit technischen und ökologischen Fragen"* (Hessischer Rahmenplan 1995, S. 25)

Es wird also zumindest kurz darauf hingewiesen, das man sich im Unterricht mit dem Gebrauch und der Wirkung von Medien befassen sollte. Wie aber sieht die Situation an den Grundschulen wirklich aus?

Eine Studie[54] im Auftrag der Landesanstalt für Rundfunk (NRW) hat im Jahr 1999 500 Grundschullehrerinnen per Telefoninterview zur Medienerziehung in der Schule befragt.

Es zeigte sich dabei, dass die private Medienausstattung der Befragten als ausgesprochen gut bezeichnet werden kann und dass die Medienerziehung in der Schule auf einer Skala von 1 (sehr wichtig) bis 5 (völlig unwichtig) als 2 (eher wichtig) eingestuft wurde. Dennoch sollte erwähnt werden, dass andere Themenbereiche wie Friedenserziehung, Umwelterziehung, Verkehrserziehung, Gesundheitserziehung und Sexualerziehung als wichtiger eingestuft wurden.

Betrachtet man aber nun die Praxis, so wird deutlich, dass eine große Diskrepanz zwischen Anspruch und Realität besteht.

Auch wenn die Lehrkräfte Medienerziehung für wichtig halten und von der Notwenigkeit eines Engagements überzeugt sind, so ergab die Studie, dass über die Hälfte traditionelle Medien kaum einsetzen[55]. Ebenfalls die Hälfte der Befragten gab zu, im laufenden Schuljahr[56] noch keine Projekte zur Medienerziehung durchgeführt zu haben. Bei 25,1% findet Elternarbeit zur Medienerziehung selten oder nie statt. Die Abbildung 4.3.1 a zeigt, wie häufig Ziele der Medienerziehung im Unterricht verwirklicht werden.

---

[54] die komplette Studie wurde veröffentlich in Tulodziecki, Gerhard (2000): Medienerziehung in der Grundschule, Opladen

[55] 62% (70%) gebrauchen einen Fernseher (eine Videokamera) seltener als 1-2 mal oder nie pro Halbjahr

[56] das Interview wurde im Februar durchgeführt, d.h. nachdem etwa 6 Monate des Schuljahres vergangen waren

	M[1]	SD	Umsetzung „nie"
Befähigung zum durchdachten Auswählen und Nutzen von Medienangeboten für unterschiedliche Zwecke, z. B. für Information oder Unterhaltung	3,11	1,04	13,0 %
Befähigung zum Verstehen inhaltlicher Aspekte von Medienangeboten, z. B. Unterscheidung zwischen Realität und Fiktion	3,17	1,06	15,6 %
Befähigung zum Bewerten von Medienangeboten nach inhaltlichen Gesichtspunkten wie sozialen (...) Normen	3,37*	1,09	20,6 %
Befähigung zum Verstehen unterschiedlicher Ausdrucksmittel und Gestaltungstechniken bzw. -möglichkeiten von Medien (...)	3,45	1,06	21,5 %
Befähigung, Medieneinflüsse – z. B. auf eigene Gefühle, Realitätsvorstellungen und Verhaltensmuster – zu erkennen	3,53	1,07	24,2 %
Befähigung der Kinder zum Bewerten und Aufarbeiten medienbeeinflusster Gefühle, Realitätsvorstellungen und Verhaltensmuster	3,53	1,08	25,3 %
Befähigung der Kinder, selbst Medienprodukte (...) herzustellen und vorzuführen bzw. zu verbreiten	3,61	1,21	33,2 %
Vermittlung von technischen Fähigkeiten zur Handhabung von Mediengeräten und deren Anwendungsmöglichkeiten	3,70	1,12	31,1 %
Befähigung zum Durchschauen von rechtlichen und wirtschaftlichen Bedingungen der Medienproduktion und Medienverbreitung	4,63*	0,70	73,3 %

1 Skala: 1 = „sehr häufig"; 2 = „häufig"; 3 = „gelegentlich"; 4 = „selten"; 5 = „nie".
* Mittelwert unterscheidet sich auf dem 0,1 %-Niveau signifikant von demjenigen in der darüber liegenden Zeile.

Abbildung 4.3.1 a : Häufigkeit der Umsetzung von Zielen der Medienerziehung (Basis n=500, M= Mittelwert, SD= Standardabweichung) (Tulodziecki 2000, S. 189)

Auch bei einer Feststellung der Meinung zum Thema „Ist und Soll-Zustand" klaffen die Ergebnisse auseinander. Die Lehrkräfte sind der Ansicht, dass etwa 45% der Medienerziehung von der Schule und 55% vom Elternhaus übernommen werden sollten. Der wirkliche Anteil der schulischen Erziehung liegt jedoch nach den Einschätzungen der Lehrerinnen bei nur 28,5% .

Warum ergeben sich auch hier wiederum so große Diskrepanzen? Eine Auswertung von verschiedenen Fragen (Zusammenhanganalyse) lässt folgende Gründe vermuten: eine geringe Sicherheit in der Handhabung von technischen Geräten, ein geringes Wissen über die Medieninteressen von Kindern[57], geringe medienpädagogische Ausbildung sowie schlechte Rahmenbedingungen in der Schule.

Ergab sich bei der Befragung eine große negative Ist-Soll-Diskrepanz im Hinblick auf die Medienerziehung, dann wurde nach der Angabe von Gründen verlangt. Die meistgenanntesten Antworten waren hierbei die schlechte Medienausstattung der Schulen (46,7%) sowie eine mangelnde Ausbildung (20%). (vgl. Abbildung 4.3.1 b)

---

[57] 30% gaben an, sich eher schlecht bzw. sehr schlecht mit den Lieblingssendungen der Kinder auszukennen

Genannte Gründe	Anzahl der Nennungen	Prozent der Nennungen	Prozent der Fälle
Mangelnde Medien-/Geräteausstattung; Finanzprobleme ermöglichen keine Verbesserung der Ausstattung	259	46,7	68,9
Mangelnde Ausbildung, Defizite in den für medienerzieherisches Handeln notwendigen Kenntnissen/Kompetenzen	111	20,0	29,5
Zeitmangel, Stundenplan lässt es nicht zu	59	10,6	15,7
Strukturprobleme (Lehrermangel, Raumprobleme etc.)	30	5,4	8,0
Fehlende Motivation, mangelnde Einsicht im Kollegium bezüglich der Notwendigkeit schulischer Medienerziehung	28	5,0	7,4
Resignation, Gefühl mangelnder Einflussmöglichkeiten	28	5,0	7,4
Überalterung des Kollegiums	12	2,2	3,2
Fehlendes Unterrichtsmaterial	11	2,0	2,9
Sonstige Gründe	17	3,1	4,5
	Gesamt: 555		

Abbildung 4.3.1 b : Gründe, die der Medienerziehung in der Schule entgegenstehen (offene Frage, Mehrfachantworten, nachträglich kategorisiert) (Basis n=393) (Tulodziecki 2000, S. 217)

Hinzu kommt, dass zwar fast alle Befragten recht motiviert schienen, sich mit diesem Themenbereich zu befassen (nur 5% gaben mangelnde Motivation an), jedoch 41% der Ansicht waren, auch mit Engagement und hinreichender Qualifikation nur wenig dazu beitragen zu können, dass die Schüler lernen, sinnvoll mit Medien umzugehen. Dieses Gefühl einer geringen „Selbstwirksamkeit" zeigt sich exemplarisch an den folgenden Aussagen von Befragten:

„Es ist immer leicht gesagt, mit Kindern darüber [über unangemessenen Fernsehkonsum zu reden]. Die Kinder, die verständnisvoll für solche Sachen sind, die gucken das auch nicht. Und die Kinder, die das wahllos gucken, und sich solche Sachen reinziehen, da können sie stunden- und tagelang reden, da ändern sie nichts. Oder in den wenigsten Fällen."

„Ein Kampf gegen das Elternhaus teilweise, ein Kampf, den wir einfach nicht gewinnen können. Rein zeitliche Faktoren: 4,5 Stunden, die ich in der Schule habe, gegen 20 oder 19 Stunden zu Hause. Medienerziehung fängt damit an, mal mit den Eltern darüber zu sprechen...Es ist ein Kampf gegen Windmühlenflügel. Man erreicht immer wieder auch Kinder, aber das sind meist die Kinder, die es wohl irgendwann selber einmal gelernt hätten und dahinter gekommen wären. Ich denke mal, dass das bei denen von alleine käme, und diejenigen, die man unbedingt erreichen müsste, da erreicht man weder Eltern noch Kinder. Da kann man dann egal wie aufklärerisch *wirken, ...nur es ist also rein und wieder raus. Da bleibt also auch nichts und gar nichts hängen.*" (Tulodziecki 2000, S.263)

Man sieht an dieser Untersuchung, dass sich das Thema Medienerziehung und damit auch die Fernseherziehung an Schulen noch nicht ausreichend etabliert hat.

Natürlich ist Medienerziehung eine grundlegende Voraussetzung, um sich sicher und erfolgreich in unserer technisierten Welt zurechtzufinden, insbesondere auch, weil Kinder heutzutage einen großen Teil ihres Wissens, ihrer Vorstellungen, Einstellungen und Meinungen aus den Medien erwerben. Dennoch muss man bedenken, dass es in Zeiten von Arbeitslosigkeit, viel arbeitenden und allein-erziehenden Eltern, sowie einem hohen Einwanderungsanteil auch zahlreiche andere äußerst wichtige Lern- und Lebensbereiche gibt, um die sich die Schulen kümmern müssen.

Oft haben Lehrer ein so beschränktes Zeitbudget, dass sie auswählen müssen, welche Themen wegfallen.

Dennoch ist auch festzustellen, dass die Schule alleine keine ausreichende Medienarbeit leisten kann, Erfolg hat nur eine Zusammenarbeit zwischen Elternhaus und Lehrern, wobei rein zeitliche gesehen, der Schwerpunkt auf dem Elternhaus liegen sollte und muss. (vgl. Sixt 2001, S.155-168 und Tulodziecki 2000)

4.3.2 Ausgewählte Praxisbeispiele für Medienarbeit mit Kindern

Sucht man nach Literatur über Medienarbeit mit Kindern, so findet man zumeist nur recht theoretische Abhandlungen zu diesem Thema oder aber ein paar wenige Anregungen, aus denen sich alleine noch kein Unterricht durchführen lässt. Dennoch gibt es einige fertig ausgearbeitete Unterrichtsvorschläge, an denen Lehrer sich direkt orientieren können.

Im Folgenden werden drei Bücher vorgestellt, die Anregungen für Fernseherziehung in der Grundschule geben.

1. Hrsg.: Landesanstalt für Rundfunk Nordrhein-Westfalen (1991): Das Fernsehen im Alltag von Kindern- Informationen für die Medienerziehung im Kindergarten und Grundschule, Düsseldorf

In einer Schrift der Landesanstalt für Rundfunk Nordrhein-Westfalen aus dem Jahre 1991 findet man Hintergründe zum Thema „Fernsehen und Kinder sowie ein Kapitel mit dem Titel „Wie (re-)agiert man? - Zum Umgang mit medienbezogenen Handlungen von Kindern in der Grundschule".

Auch dieses Kapitel beginnt allerdings mit allgemeinen Informationen. Es folgen drei Unterkapitel zur Aufarbeitung medienbedingter Emotionen, medienvermittelter Vorstellungen über die Realität und medienvermittelter Verhaltensorientierungen mit dem Schwerpunkt Gewalt. Hier findet man konkrete Vorschläge, worüber man mit den Kindern sprechen kann oder bekommt Tipps, wie man Medienerlebnisse in Form von Rollenspielen, eigenen Videos, Hörspielen oder Fotogeschichten verarbeiten kann.

Ein konkretes Beispiel ist das Thema „Polizei - Unterscheidung zwischen fernsehproduzierten Vorstellungen und Realität".

Die Kinder sollen zunächst aufschreiben, was ihnen zum Thema Polizei einfällt. Die Antworten werden dann gemeinsam im Gespräch in Kategorien eingeordnet und diskutiert, woher diese „Bilder" von Polizei stammen. Dann kann man sich einen Kriminalfilm in Hinsicht auf einen bestimmten Aspekt, etwa die Aufgaben der Polizei ansehen. Im Anschluss sollte dann ein Gespräch mit einem echten Polizisten, ein Besuch in einer Polizeiwache und eventuell auch Literatur über Polizeiarbeit verdeutlichen, wie die Realität aussieht. Das Projekt kann dann mit Hilfe von Fotos, Videoaufnahmen, Collagen usw. dokumentiert und anderen Klassen oder den Eltern vorgestellt werden.

Dieses Beispiel ist recht ausführlich beschrieben, allerdings wird lediglich noch ein zweites Unterrichts-Beispiel zum Thema aggressives Verhalten gegeben.

Des weiteren sind die Unterrichtsbeispiele nur Anregungen und nicht fertig ausgearbeitet. Die Praxisvorschläge beschränken sich weiterhin auf die drei oben genannten Kapitel.

Das Buch ist, wenn auch schon etwas älter, meines Erachtens einigermaßen geeignet, sich Hintergrundinformationen zum Thema „Fernseherziehung in der Schule"

anzueignen, für den Unterricht gibt es jedoch lediglich einige Anregungen, die selbst-
ständig ausgearbeitet und ergänzt werden müssen.

**2. De Haen, Imme (1987): Bilder-Welten-Fernsehen im Alltag der Kinder- Eine
Bilderreihe mit Tonbandsequenzen für Kinder im Vorschulalter, in der Grund-
und Sonderschule, den Kindergottesdienst und die Gemeindearbeit, Offenbach**

Diese Arbeitsmappe aus dem Jahr 1987 beinhaltet ein Buch mit einzelnen Unter-
richtsbausteinen, Dias und eine Kassette. Das Material basiert auf einer amerikanischen Produktion „Growing with Television", die vom Media Action Research Center
in New York in jahrelanger Arbeit entwickelt und auch erprobt wurde. Ein Team von
Pädagogen und Lehrern überarbeitete die amerikanische Version u.a. durch Praxis-
erfahrungen in Kindergärten und Schulen.

Auch wenn die Arbeitsmappe zum gegenwärtigen Zeitpunkt bereits 17 Jahre alt ist,
so sind die Ideen und Anregungen doch recht zeitlos und daher immer noch ver-
wendbar. Lediglich die Dias sind ein wenig veraltet und sollten beim Einsatz durch
neuere Bilder ersetzt werden.

Das Material beinhaltet insgesamt 10 Einheiten bei denen es u.a. um Fernsehen in
Bezug auf Familie, Freundschaft, Rollen, Gefühle, Wirklichkeit, Gewalt und Konsum
geht. Je nach Gruppe und aktueller Problematik kann man nach einer Einführung die
einzelnen Einheiten in beliebiger Reihenfolge und Intensität bearbeiten.

Jede Einheit beinhaltet eine Einführung und einen Bezug des Themas auf Kinder, die
dem Durchführenden eine Übersicht bieten und ihm kurze Hintergrundinformationen
geben soll. Es folgen Fragen zur eigenen Vorüberlegung, mit denen sich der Lehrer
oder Erzieher zunächst einmal selber mit dem Thema auseinandersetzen kann.
Schließlich folgt eine kurze Beschreibung der Zielvorstellung, die mit dieser Einheit
erreicht werden soll.

Danach schließt sich eine Liste mit Spielanregungen an, die sehr konkret und auch
abwechslungsreich sind und die Dias und Tonbandaufnahmen mit einbeziehen. An
einigen Stellen sind auch Noten und Texte für Lieder eingefügt. Die Spielanregungen
beinhalten Diskussionen, Bastelarbeiten, Rollenspiele, Gruppenspiele, Erlebnisse
durch verschiedene Sinneseindrücke und sind daher sehr vielseitig und auch durchaus einfach umsetzbar.

Schließlich folgen noch einige Anregungen zur Auswertung und ein religiöser Bezug des Themas, so dass man die Fernseherziehung auch in den Religionsunterricht einbauen könnte.

In der Einführung ist zusätzlich beschrieben, wie man einen Elternabend durchführt und die Eltern für das Thema interessiert, ohne dass sie sich schuldig fühlen, weil sie vielleicht selbst zu viel fernsehen oder aber sich zu wenig der Fernseherziehung ihrer Kinder widmen.

Diese Arbeitsreihe ist immer noch aktuell, sehr gut durchführbar auch ohne viele eigene Ideen und sehr umfangreich in Bezug auf die Themenauswahl, auch wenn die einzelnen Kapitel sehr kurzgefasst sind (je ca. 5-6 Seiten).

Pres, Ute (2002): Fernsehen als Thema in der Grundschule- Leitfaden mit Unterrichtseinheiten, München

Dieses relativ neue Buch beginnt mit einer Einführung in das Thema Fernsehkonsum von Kindern, stellt die aktuelle Situation dar und verdeutlicht Gefahren des Fernsehens und Aufgaben der Medienerziehung. Es folgen Tipps für einen Elternabend zum Thema mit vielen Anregungen Ideen und Spielen für die Eltern.

Schließlich folgt der Hauptteil mit 4 kompletten Unterrichtseinheiten, jeweils zwei für die Klasse 1 („Wie kommt die Hexe in die Kiste?" und „Quapp der Frosch") und zwei für die Klasse 2 („Rund um Cinderella und Co" und „Mein eigener Fernsehtag").

Die Unterrichtseinheiten sind sehr abwechslungsreich und bieten viele kreative Möglichkeiten, jedoch sind sie insbesondere für die erste Klasse sehr auf das technische Hintergundverständnis von Fernsehen ausgerichtet. Es wird sehr viel gebaut, gemalt und gebastelt, technische Geräte wie Videokamera, Kamera und Fernseher werden in ihren Funktionsweise kennengelernt. Schließlich wird ein eigener Film gedreht. Bei der zweiten Einheit für die erste Klasse geht es zudem noch um die Nutzung des Fernsehens als Sachinformationsträger.

Erst bei einer Unterrichteinheit für die zweite Klasse geht es, wenn auch nur ansatzweise, um den Unterschied Fiktion-Realität. In der letzten Einheit sollen die Kinder schließlich lernen, ihr eigenes Fernsehverhalten zu überdenken, um geplant fern zu sehen.

Die Unterrichtsvorschläge sind sicherlich sehr interessant für die Kinder und beinhalten viel handwerkliche, kreative Arbeit, dennoch kommt der inhaltliche Aspekt sehr kurz und es wird nicht wirklich deutlich, was das eigentliche Lernziel ist.

Ein Vorteil ist die Einbettung des Themas in alle Fächer, so dass ein Fächerübergreifender Unterricht möglich ist, zu dem auch einige Anregungen gegeben werden[58].

Am Ende des Buches finden sich noch einige Anregungen für eine abwechslungsreiche Freizeitgestaltung der Kinder (Spiele, Bastelanleitungen, Kochrezepte, Diskussionsthemen).

---

[58] So wird z. B. bei der Einheit „Quapp der Frosch" zeitgleich im Deutschunterricht der Buchstabe Q eingeführt.

5 Interviews mit Kindern

Sowohl zur aktuellen Situation des Fernsehverhaltens von Kindern, als auch zu den Risiken für die Gesundheit, gibt es zahlreiche Untersuchungen, die ich in den vorangegangenen Kapiteln dargelegt habe. Dennoch bleiben nach meiner Literaturrecherche zwei Punkte ungeklärt bzw. nur ansatzweise geklärt, die ich mit Hilfe von Interviews zu ergründen versucht habe.

Zum einen wurde in den Interviews der Fragestellung, ob ein Kind im Grundschulalter ein Bewusstsein über Fernsehwirkungen hat und ob es über Folgen von zu hohem Fernsehkonsum reflektieren kann, nachgegangen, da hierzu meines Erachtens keine Untersuchungen vorliegen.

Hat ein 9-10-jähriges Kind eine Meinung dazu, ob Fernsehen ungesund oder schädlich ist oder ob man beim Fernsehen etwas fürs Leben lernen kann?

Eine zweite zentrale Fragestellung ist die Relevanz des Themas Fernsehen im Elternhaus und in der Schule. Machen sich Eltern die Mühe, den Fernsehkonsum ihrer Kinder zu regulieren und Regeln aufstellen? Oder aber ist Fernsehen so alltäglich, ein hoher Konsum so normal, dass sich Eltern nicht mit diesem Thema beschäftigen?

Die im folgenden aufgeführten Interviewergebnisse stellen eine Ergänzung meiner Literaturarbeit dar.

5.1 Daten über die Interviewpartner

Anzahl:	13 Kinder einer Grundschule in Langen/Hessen
Klasse und Alter:	4. Klasse: 8 Kinder, 3. Klasse: 5 Kinder
	3x 8 Jahre, 8x 9 Jahre, 2x 10 Jahre
Geschlecht:	Mädchen: 6, Jungen: 7
Familienverhältnisse:	12 Kinder leben mit beiden Elternteilen zusammen, 1 Kind nur mit Mutter, Oma und Uroma; in 3 Familien lebt ein Au-Pair-Mädchen
	Einzelkinder: 5
	1 Geschwister: 5

2 Geschwister: 2

3 Geschwister: 1

Wohnsituation: Haus: 11, Wohnung: 2

Nationalität: Deutsch: 12, Türkisch: 1

An den allgemeinen Daten über die Kinder kann man erkennen, dass die befragten Kinder keinen Querschnitt durch die Gesellschaft darstellen. 12 der 13 Kinder leben in Familien mit Mutter und Vater, 11 der 13 Kinder in einem Haus. Aus den Gesprächen ging auch hervor, dass viele Mütter nachmittags zu Hause sind und sich um die Kinder kümmern können. Ist dies nicht der Fall, so gibt es zumindest ein Au-Pair-Mädchen. 12 der befragten Kinder sind deutscher Nationalität. Fast alle kommen aus "guten" Elternhäuser, gehörten also zum Großteil der Mittel bzw. Oberschicht an.

Dies kann zum einen daran liegen, dass die Schule sich in einem recht wohlhabenden Gebiet einer Kleinstadt befindet, zum anderen daran, dass die Kinder freiwillig an dem Interview teilnahmen und die Eltern eine Einverständniserklärung unterschreiben mussten.

Natürlich sind diese Kinder nicht repräsentativ für das Fernsehverhalten des Durchschnittskindes, dennoch lieferte die Befragung interessante Ergebnisse, bei denen man jedoch den sozialen Status der Kinder mit einbeziehen sollte.

5.2   Ablauf der Interviews

Die Interviews fanden statt in einem Arbeitsraum und in der Bibliothek der Schule. Die Kinder wurden jeweils einzeln interviewt und verließen dafür den Unterricht. Die Dauer der Interviews betrug zwischen 15 und 30 Minuten, je nach Gesprächsbereitschaft des Kindes.

Zur Einstimmung auf das Gespräch und um den Kindern die Angst und Unsicherheit zu nehmen, erfolgte eine Begrüßung, eine Vorstellung und Erklärung der Verwendung des Interviews. Außerdem wurden die Kinder zur freien Meinungsäußerung angeregt, indem ihnen mitgeteilt wurde, dass ihre Aussagen vertraulich behandelt werden. Um die Kinder zu motivieren, wurde betont, wie erfreulich und wichtig ihre Bereitschaft zur Teilnahme ist.

Es folgte eine Aufnahme der allgemeinen Daten wie Alter, Klasse, Familie und Wohnsituation.

Das eigentliche Interview begann mit der Frage „Schaust Du gerne fern?".

Zur Einstimmung auf das Thema folgte eine Unterhaltung darüber, was und wie oft gesehen wird. Die korrekte Angabe einer täglichen Sehdauer war dabei eher nebensächlich, da diese Fragen nur dazu dienten, das Kind zum Thema hinzuführen und einen groben Eindruck vom Fernsehverhalten des Kindes zu bekommen, etwa ob das Kind viel oder wenig fern sieht und welche Sehpräferenzen es hat.

Im Anschluss erfolgte eine Überleitung zum eigentlichen Thema mit den Fragen „Was gefällt Dir am Fernsehen? Was gefällt Dir nicht?"

Danach wurde die erste zentrale Fragestellung geklärt, indem das Kind sich dazu äußern sollte, ob es Fernsehen eher für gut oder eher für schlecht für Kinder hält. Unterstützt wurden die Äußerungen durch die Fragen, ob man es einem Kind anmerkt, wenn es besonders viel fern sieht und was sich ändern würde, auch speziell für das befragte Kind, wenn es kein Fernsehen mehr gäbe.

Im Anschluss wurde noch einmal detailliert eruiert, ob das Kind glaubt, dass Fernsehen schädlich oder ungesund sei und ob man aus dem Fernsehen auch etwas lernen könne.

Zuletzt ging es um die zweite zentrale Fragestellung. Hier wurde erfragt, ob es im Elternhaus des Kindes Regeln gibt und wie die Eltern reagieren, wenn das Kind zu viel oder unerwünschte Sendungen sieht. Außerdem ging es darum, ob in der Schule eine Fernseherziehung stattgefunden hatte und ob sich die Lehrerin jemals zu diesem Thema geäußert hatte.

Nach Abschluss des Interviews erfolgte der Dank für die Teilnahme und das Kind durfte sich ein kleines Geschenk auswählen.

Da die Fragen für das Interview als Leitfaden dienten und das Interview eher eine Unterhaltung mit bestimmten Absichten war, wurde in einigen Fällen die Reihenfolge der Fragestellungen dem Gesprächsverlauf angepasst.

5.3 Auswertung der Interviews

Insgesamt ergab sich durch die 13 Interviews Tonbandmaterial von etwa 3 Stunden und 10 Minuten, das im folgenden ausgewertet wird.

Aus den meine Arbeit ergänzenden Interviews werden im folgenden die interessanten Äußerungen wortwörtlich wiedergegeben. Auf komplette Transkripte wird verzichtet.

5.3.1   Verhalten der Kinder beim Interview

Alle befragten Kinder zeigten ein sehr großes Mitteilungsbedürfnis und schienen bis auf ca. 2 Ausnahmen äußerst selbstbewusst. Man musste die Kinder oft in ihrem Redefluss unterbrechen, um das Interview nicht zu lang werden zu lassen und teilweise die Erzählungen in Richtung der Fragestellungen „umleiten", da einige Kinder vom Thema abwichen. Lediglich 2 Kinder hatten recht wenig zum Thema Fernsehen und Auswirkungen zu sagen. Nur ein Mädchen schien keine wirkliche Meinung dazu zu haben und antwortete recht oft mit „Weiß nicht".

Alle anderen Kinder vertraten sehr bestimmt ihre Ansichten und hatten auch viel zum Thema zu sagen, wobei man teilweise den Eindruck hatte, dass die Kinder ihre Meinungen von den Eltern übernommen hatten oder sogar, dass die Eltern ihren Kindern regelrecht Ansichten eingetrichtert hatten. Einige Kinder antworteten auf Nachfragen, woher sie denn eine bestimmte Ansicht hätten mit: „Das sagt meine Mutter immer".

Dennoch wirkten fast alle Kinder sehr reif für ihr Alter, ihre Ausdrucksweise war überaus gut und der Wortschatz sehr groß.

Der Grund dafür könnte darin liegen, dass die Kinder aus sehr behüteten, vermutlich gebildeten Elternhäusern stammten und/oder dass sich nur die selbstbewussten Kinder für ein Interview gemeldet hatten.

5.3.2   Fernsehverhalten

Im folgenden werden zunächst die Antworten auf die zur Einstimmung dienenden Fragen erläutert.

Eingeleitet wurde das Interview mit der Frage: „Schaust Du gerne fern?".

Nur 3 Kinder antworteten hier mit einem klaren „ja", die anderen Antworten waren eher unsicher oder ausweichend:

„hmmm, na ja, manchmal, eigentlich machts gar nicht so Spaß Fernsehen zu gucken...na ja so mittel."

„ja schon, aber eigentlich nicht oft,..., eigentlich nicht so ganz gerne"

„ja, ich schau nicht stundenlang, ich mach auch Sport und spiele drinnen und draußen"

„nicht so"

„ja, wenn ne gute Sendung kommt"

„ich spiel eigentlich lieber Computer, aber trotzdem guck ich manchmal fern, kommt immer drauf an, was kommt"

„ein bisschen, nicht so viel"

„kommt darauf an, was kommt, manchmal, also nicht immer"

„na ja, schon"

Ein Kind gab eine sehr verblüffende Antwort: *„Ja, meine Schwester auch, der Fernseher ist unser allerbester Freund."* Nach einigem Nachfragen über echte Freunde bemerkte das Kind: *„Der Fernseher ist halt auch ein guter Freund".*
Im allgemeinen schien es, als sei Fernsehen für die meisten Kinder nicht die wichtigste Freizeitbeschäftigung, einige erzählten unaufgefordert, dass sie lieber spielen oder rausgehen würden oder zählten die zahlreichen Vereine auf, in denen sie Mitglied sind[59].

„Manchmal fragt mich auch die Mama, Sandra[60] möchtest Du ein bisschen Fernsehen, aber dann spiel ich viel lieber...wir finden immer was zum Spielen, wir brauchen das Fernsehen gar nicht"(auf die beste Freundin bezogen)

Bei einigen Kindern würde ich allerdings auch vermuten, dass sie deshalb so zögerlich antworten, weil sie davon ausgingen, dass es schlecht ist, wenn man auf die Frage „Siehst Du gerne fern?" mit ja antwortet.

Bei der Angabe über die Zeit, die sie vorm Fernseher verbringen, sprachen die meisten Kinder von etwa einer Stunde oder aber zwei kurzen Sendungen pro Tag. Ich vermute aber, dass einige doch etwas mehr sehen, als sie selbst einschätzen[61].

---

[59] Einige Kinder besuchen sogar jeden Tag einen Verein
[60] Namen geändert (auch in folgenden Zitaten)
[61] einzelne Kinder erzählten von so vielen verschiedenen Sendungen, dass sie diese bei einem Konsum von nur 1 Stunde kaum alle kennen können

Inhaltlich zeigte sich, was schon in anderen Untersuchungen herausgekommen war. Überwiegend konsumierten die Kinder Kindersendungen und Spielfilme und gaben an, dass es spannend sein muss. Besonders Mädchen zeigten eine Vorliebe für Tierfilme. Weniger interessant für die meisten Kinder schienen dagegen Zeichentrickfilme. Die Kinder gaben an, lieber Sendungen mit echten Schauspielern zu sehen und Zeichentrickfilme nur, wenn es nichts besseres gab. Einige Kinder sehen hauptsächlich Filme von DVDs an, teilweise auch Filme die erst ab 12 Jahren freigegeben sind. Nachrichten, sowohl für Kinder als auch für Erwachsene, sowie Quizsendungen[62] und Sport wurden ebenfalls als präferierte Sendungen angegeben.

5.3.3 Bewusstsein über Fernsehwirkungen

Auf die Frage "Glaubst Du, dass Fernsehen eher gut oder eher schlecht für Kinder ist?" antworteten die meisten der Kinder sofort „Eher schlecht". 12 der 13 Kinder hatten zu diesem Thema viel zu sagen, auch wenn man teilweise nicht auseinanderhalten konnte, ob die Meinung nun eine selbst gebildete war oder ob Ansichten der Eltern einfach wiedergegeben wurden.

„Ich weiß, dass es nicht gut ist, meine Mama und mein Papa sagen immer, dass es nicht so gut ist, die Lehrerin auch"

Man hatte sehr oft den Eindruck, dass die Eltern der Kinder nicht sehr positiv über das Fernsehen denken und diese Position ihren Kindern vermitteln. Die Kinder hatten zwar sehr viele Argumente, warum Fernsehen schlecht sei, aber auf die Frage, ob man es merke, wenn ein Kind viel fern sieht, ob es irgendwie anders ist oder ob Fernsehen ihnen selbst schade, antworteten dann doch die meisten mit „Nein".

Negative Fernsehwirkungen

Das am häufigsten genannte Argument (10 x genannt), warum Fernsehen ungesund ist, ist dass Fernsehen den Augen schadet. Einige Kinder berichteten, dass ihnen selber die Augen schon weh getan haben, viele erzählten jedoch, dass ihre Eltern immer sagen würden „*...wenn man zu viel fern sieht, dann bekommt man viereckige Augen*". Dieser „Witz" wird von den Kindern anscheinend nicht verstanden. Nach ei-

---

[62] sehr beliebt ist bereits „Wer wird Millionär"

nigem Nachfragen konnte man feststellen, dass sich viele Kinder noch nicht wirklich Gedanken gemacht haben über diesen Satz und ihn einfach wiedergeben.

Einige deuten den Satz so, dass Fernsehen den Augen schadet und einige sind wirklich der Ansicht, dass sich etwas an den Augen verändern könnte.

„Nach dem Fernsehen tun mir immer die Augen weh, auch wenn ich nur kurz gucke"

„Immer diese schnellen Bilder und diese Lichtstrahlungen, das ist nicht sehr gut für die Augen,..., ich hab mal ganz lange Computer gespielt und da waren die Augen ganz rot,..., kann auch vom Fernsehen passieren"

„Oma sagt, man muss einen großen Abstand vom Fernseher haben,..., ich kanns mir vorstellen, ich glaube es, dass es für die Augen schlecht ist"

„Meine Mutter sagt: Du darfst nicht so viel Fernsehen, sonst kriegst Du quadratische Augen"

„Also für die Augen ist es nicht gerade sehr gut, aber ich guck ja auch nicht mehr so lange, manchmal sagen meine Eltern, die werden viereckig die Augen"

„Zeichentrick tut immer so in den Augen weh"

„...weil man da viereckige Augen kriegt, sagt meine Mutter immer,..., hab gemerkt, dass ich schlecht gesehen hab,.., bisschen tun die da weh"

Ein Kind hatte die Aussage mit den quadratischen Augen wohl falsch verstanden und betonte mehrmals voller Überzeugung *„...wenn man jeden Tag Fernsehen guckt kriegt man son quadratischen Kopf..."*

Weiterhin wurde häufig erwähnt, dass man sich noch lange mit den Filminhalten beschäftigt, nicht einschlafen kann und sich dann in der Schule schlecht konzentrieren kann oder verwirrt ist. Daraus resultieren nach Ansicht der Kinder schlechte Leistungen und Dummheit.

„...wenn man zu viel schaut, dann kriegt man Alpträume und denkt dauernd an den Film und an den Traum und kann nicht mehr so gut in der Schule aufpassen, dann wird man etwas verrückt und abgelenkt am nächsten Tag in der Schule,..., kriegt man auch nicht so gute Noten und passt nicht so auf...man wird so zappelig und kann dann nur so an den Film denken und dann weiß man nicht was im Unterricht ist"

„wenn es zu schlimm ist, kann ich nicht schlafen"

„Kinder, die viel fernsehen die tun nicht aufpassen, die sind schlecht in der Schule"

„Kinder die viel fernsehen sind nicht sehr schlau"

„...und wird dumm"

„....es gibt ja sehr viel Kinder, die können dann mit sowas nicht mehr schlafen,...,weil die halt immer davon dann denken, weil es halt dann auch gruselig ist,..., bin selbst so einer, ich kann dann nicht schlafen"

„weil man muss da was denken und das geht alles so schnell und wenn man da was denkt oder wenn es zu schnell ist, dann muss man die ganze Nacht daran arbeiten und auch in der Schule,...,da denkt das dann noch nach, was es da im Fernsehen so alles zu kapieren gibt und in der Schule kann ich mich gar nicht mehr konzentrieren"

Andere Argumente, die gegen einen hohen Fernsehkonsum sprechen, waren:

- weniger Phantasie

„...weil man keine Phantasie mehr hat, meint mein Papa"

- man sitzt nur in der Wohnung und kommt nicht nach draußen, treibt keinen Sport, wird träge und isst viele Süßigkeiten und wird möglicherweise dick

„man kommt dann gar nicht raus, ..., die gucken sich alles an, egal was kommt und es gibt so blöde Serien..."

„Manche Kinder die hängen ja stundenlang vor dem Fernseher, also die treiben kein Sport und die werden dann dick und ich mach Judo,..., das ist immer so ne Sache, es kommt nicht vom Fernsehgucken, manche Leute die setzen sich einfach nur vorn Fernseher, essen jetzt nur Süßkram und bewegen sich gar nicht..."[63]

„...wenn man dann immer nur so im Sessel liegt, kann man auch manchmal gar nicht mehr aufstehen, wenn man so viel Fernsehen gucken will,..., dann will ich nicht aufstehen"

---

[63] dieses Kind hatte seine Meinung aus einer Fernsehreportage über dicke Kinder

- die schnellen Bilder machen nervös

„da sind schnelle Bilder drin und dann dreh ich mich immer um und mach so..." [Kind hampelt herum]

- man bekommt Kopfschmerzen

„...wenn man zu viel fern sieht bekommt man Kopfschmerzen"

„...da kriegt man auch Kopfweh"

- man glaubt an Dinge, die unrealistisch sind

„...die gucken dann zu viel fernsehen und sagen das würde passieren und das,..., passt auf hier kann ne Hexe vorbeifliegen."

„Zeichentrickfilme sind total schlecht, da lernt man, dass alles geht...und dann klappt es gar nicht"

- man redet nur vom Fernsehen, beschäftigt sich zu viel mit dem Fernsehen

„die spielen das immer nach in den Pausen..."

„Kinder, die viel gucken erzählen viel vom Fernsehen"

„Kinder, die viel fernsehen, machen das alles nach, die malen das uns spielen in der Pause"

- manche Kinder verhalten sich aggressiv oder imitieren Handlungen aus dem Fernsehen

„...manchmal will man auch was ausprobieren, was man gesehen hat"

„...die sind auch mehr brutal"

„...machen mehr Quatsch,..., spielen das in der Pause nach und das ist nicht schön. Peter guckt zu viel Krimis und jetzt ist der nur noch bulli-bulli im Kopf,..., der macht das alles nach, ...,Boxen zum Beispiel"

- schlecht für das Gehirn

„...weil das Gehirn wertet ja die Daten aus, die die Augen aufnehmen und dass es da vielleicht ein bisschen durcheinander kommt,...und wenn man dann einen Tag lang fern sieht und dann plötzlich so normal, ich glaub dann erkennt das irgendwie nicht so das Gehirn,..., es braucht ne Zeit bis das Gehirn sich erholt hat, dass man dann für kurze Zeit nicht mehr so genau sieht, dass es vielleicht ein paar Sekunden braucht bis es erholt ist"

- oft nicht kindgerecht

„es ist viel eher Dummes dabei, was einen ein bisschen verwirrt, für Kinder jetzt,..., das geht mir manchmal auf den Senkel da oben drin, was die manchmal zeigen, ..,manche Kindersendungen sind einfach irgendwie nicht für Kinder gemacht, hat meine Mama auch gesagt, da gabs die Vorschau für Bibi Blocksberg 2, ich weiß manche Kinder findens toll, aber andere halt nicht und die Vorschau war, und das heißt Bibi Blocksberg ist ab 0, aber die Vorschau war nicht kindgerecht,..., meine Mama hats gesagt aber ich fands genauso..."

- weniger Zeit zum Lernen

„...wenn man fernsieht anstatt zu lesen, ...,ein Buch lesen ist viel besser als Fernsehen"

- Eltern denken schlecht über das Fernsehen

„...die Eltern wollen ja auch nicht, dass man so viel Fernsehen guckt"

Einige Kinder äußerten sich sogar negativ über andere, die zu viel fern sehen und meinten, dass diese Kinder dumm wären oder brutal.

„manche Kinder sitzen ja stundenlang davor"

„Die Maike sagt immer, sie würde nicht Fernsehen gucken, aber das merkt man total...ich bin mal zu der gekommen, da hatte die die ganze Zeit den Fernseher angeschaltet und ihre Mutter, die saß auch wirklich die ganze Zeit vor dem Fernseher, das war ja so furchtbar, also das war ne richtige Fernsehfamilie."

„Dann sag ich, oh Marie diesen Film mögen wir doch beide gar nicht und die Marie sagt, och es gibt im Moment nichts besseres, und dann sag ich, dann mach doch endlich aus,..., ich mag das nicht wenn die dauernd Fernsehen guckt"

Positive Fernsehwirkungen

In Bezug auf positive Fernsehwirkungen brachten fast alle Kindern das Argument, dass man vom Fernsehen auch etwas lernen kann, allerdings nur, wenn man die richtigen Sendungen schaut.

„kommt darauf an, was man guckt oder wie es gemacht ist oder wie lang es ist"

„man kann auch Sachen lernen in Sachprogrammen"

„lernen kann man schon, aber das geht nicht mit jeder Sendung"

Bevorzugt wurden bei den lehrreichen Programmen Wissenssendungen für Kinder, Nachrichten und Quizsendungen. Zwei Kinder gaben auch an, bei englischen Sendungen oder Filmen die Fremdsprachenkenntnisse verbessern zu können.

„z.B. „wer wird Millionär", wenn man das guckt, kriegt man halt mehr mit, dann wird man schlauer, weil durch diese Fragen geht mehr in den Kopf rein"

„...Wetter und Nachrichten sind lehrreich"

Während die meisten Kinder der Ansicht waren, dass insbesondere viele Zeichentrickfilme und Filme im allgemeinen eher der Unterhaltung dienen und nicht besonders sinnvoll sind, meinte ein Kind, auch aus Filmen etwas fürs Leben lernen zu können.

„Wenn man Polizeifilme schaut, kann man schon was lernen, wenn man Polizist werden will"

Im Vergleich zu den negativen Fernsehwirkungen, die sofort erwähnt wurden, kam selbst bei Nachfrage von den Kindern nur sehr wenig zu den positiven Wirkungen. Es zeigte sich hier, dass die Kinder eine eher schlechte Meinung vom Fernsehen als Freizeitbeschäftigung haben.

5.3.4   Fernseherziehung im Elternhaus

Um herauszufinden, ob es im Elternhaus der Kinder eine Fernseherziehung gibt, fragte ich nach Fernsehregeln, nach der Benutzung von Programmzeitschriften und wie die Eltern sich verhalten, wenn die Kinder etwas Unangemessenes oder zu lange schauen.

Im Grunde findet bei allen Kindern irgendeine Art von Fernseherziehung statt, auch wenn drei Kinder behaupteten, bei ihnen gäbe es keine Regeln. Durch Nachfragen, konnte man auch bei diesen Kindern eine Einmischung der Eltern feststellen.

Ein Großteil berichtete von zeitlichen Restriktionen, so gaben einige Kinder an, nicht so lange bzw. nicht so oft schauen zu dürfen, bei vielen gibt es auch feste Zeiten wie:

- nur am Wochenende
- nicht mittags, sondern nur vor dem Schlafengehen
- erst ab 18 Uhr
- am Wochenende erst ab 9 Uhr morgens, sonst ab 17 Uhr, abends nur bis 20.15 Uhr und „wenn die Mutter gute Laune" hat auch mal mittags

Die Gesamtfernsehzeit pro Tag ist nur bei 2 Kindern genau festegelegt. Ein Kind gab an, 1 Stunde pro Tag schauen zu dürfen, wobei diese Regel aber nicht mehr wirklich von der Mutter überprüft werde. Ein anderes Kind erzählte, pro Tag dürfe es 45 Minuten Computer spielen oder Fernsehen. Diese 45 Minuten würde es auch auf jeden Fall ausnutzen, da es sich keine Zeit ansparen dürfe für den nächsten Tag und bevor die Fernsehzeit „verfällt", würde es sich dann auch mal Zeichentricksendungen, die es an sich nicht mag, ansehen, wenn es nichts besseres gäbe.

Mehrere Kinder gaben an, auch mal heimlich zu schauen, wenn die Eltern weg sind, oder wenn sie bei Freunden zu Besuch sind. Ein Kind berichtete, dass seine Eltern keine Regeln hätten, weil die wüssten, dass es nicht gerne fern sieht, besonders nicht abends, da es sonst nicht gut schlafen könne.

Einige erzählten auch, dass ihre Eltern manchmal spontan sagten, dass sie nicht fernsehen sollten oder dass sie lieber rausgehen und spielen sollen.

„...wir dürfen nicht den ganzen Tag fernsehen, weil wir müssen ja auch mal rausgehen. Frische Luft schnappen"

„...meine Mutter sagt dann „Jetzt reichts, mach mal aus"..."

„...mitten in der einen Stunde sagen sie auch manchmal jetzt ist Schluss, jetzt spielt was..."

Auch inhaltlich gesehen findet man verschiedene Formen von Fernsehregulierung durch die Eltern.

Auffällig viele Kinder schauen mit den Eltern zusammen oder auch alleine ins Fernsehprogramm und wählen Sendungen aus, wobei jedoch ebenfalls fast alle berichtetet, ab und zu durch „zappen" das Programm auszuwählen. Bei zwei Kindern suchen die Eltern gezielt Filme aus oder nehmen Filme auf, die die Kinder sich anschauen sollen.

Einige Kinder müssen auch vorher die Eltern fragen, ob sie etwas bestimmtes sehen dürfen oder schauen sich vieles, insbesondere anstrengende und aufregende Sachen sowie z. B. Nachrichten nur mit den Eltern zusammen an.

Ein Kind gab an Filme, ab 12 Jahren freigegebene Filme schauen zu dürfen, allerdings nur, nachdem die Eltern überprüft hätten, ob der Film nicht „zu schrecklich" ist.

Ein anderer berichtete, dass er lediglich Filme ab 18 Jahren nicht sehen dürfe.

Ein Fernsehverbot wurden von zwei Befragten erwähnt. Bei einem wird diese Form der Bestrafung nur eingesetzt, wenn es heimlich geschaut hat, bei einem weiteren Kind jedoch wird Fernsehen verboten, wenn es bestimmte Aufgaben im Haushalt nicht erfüllt hat.

„...wir haben son Plan, damit ich mithelfe und wenn ich das nicht erfülle, dann gibt´s ein paar Tage kein Fernsehen."

Einige Aussagen der Kinder sind mir jedoch sehr negativ aufgefallen.

So berichtete ein Kind, schon morgens vor der Schule fern zu sehen, da es sehr zeitig mit den Eltern aufsteht und dann bis Schulbeginn fernsehen soll, da die Eltern schon früher zur Arbeit müssen. Ebenfalls würde es abends oft im Bett der Eltern fernsehen und dabei einschlafen. Das gleiche Kind sagte auch von sich aus, dass es zu viel fernsieht.

„...und ich finde auch ich guck zu viel fern,...und weniger geht nicht mehr, weil ich hab mich dran gewöhnt."

Ein anderes Kind berichtete, dass es von den Eltern vor den Fernseher geschickt wird, wenn es nervt oder sich mit seiner Schwester streitet.

„...wenn uns langweilig ist oder wir unsere Eltern nerven, dann sollen wir vor den Fernseher gehen, weil der uns immer beruhigt, meine Schwester sowieso..."

Weiterhin wurde erzählt, dass eine Mutter bestimmte Sendungen verbietet mit der Begründung, dass sie es „blöd" findet, was selbst nach Meinung des Kindes keine richtige Begründung sei.

Ein anderes Kind berichtete, dass seine Mutter es oft regelrecht dazu überreden würde, lehrreiche Sendung wie die „Sendung mit der Maus" oder „Löwenzahn" zu schauen, weil sie die so toll fände. Das Kind selber meinte jedoch, dass es dafür schon viel zu alt wäre und diese Sendungen uninteressant fände. Weiterhin wurden ihm Filme, die es aufgrund niedrigen Niveaus normalerweise nicht sehen dürfe (z. B. Pokémon) erlaubt, wenn sie auf englisch wären, da es ja so Englisch lernen würde.
Ein Kind meinte, nicht sehr viel Fernsehen zu dürfen, weil seine Mutter da sehr streng wäre. Lediglich die Gerichtsshows am Nachmittag dürfe es sehen, weil seine Mutter die selber schauen würde.

Diese Beispiel zeigen einige Fehler in der Erziehung auf (vgl. Kapitel 4.2.2):

- mangelnde Begründungen bei Verboten
- schlechte Vorbildfunktion
- Aufzwingen von eigenen Vorstellungen und Interessen in Bezug auf Sendungen
- Fernsehen als „Babysitter"
- Fernsehverbot als Strafe

Abschließend kann man feststellen, dass sich die meisten Eltern zwar anscheinend um eine Fernseherziehung bemühen, dass diese meist jedoch nur ansatzweise und inkonsequent durchgesetzt wird. Die Eltern interessieren sich zwar dafür, was die Kinder sehen, aber oft wird dann doch nicht eingegriffen, wenn die Kinder zu lange sehen oder willkürlich und unmotivierend gesagt „Jetzt schaut doch nicht so viel fern".

Positiv zu bewerten ist, dass anscheinend viele Mütter gemeinsam mit ihren Kindern Sendungen anschauen, Fragen dazu beantworten und sich so ein Bild machen, was ihre Kinder sehen.

Viele der Kinder erweckten den Anschein, selbst so vernünftig mit dem Fernsehen umzugehen, dass strenge Regeln nicht nötig sind.
Dies mag zwar in Ansätzen so sein, dennoch habe ich die Vermutung, dass einige der Kinder sich vorbildlicher darzustellen versuchten.
Des weiteren hatte ich den Eindruck, dass die Eltern statt vieler Fernsehregeln, den Kindern eher ein negatives Bild vom Fernsehen zu vermitteln versuchen.

5.3.5 Fernseherziehung in der Schule

Die interviewten Kinder kamen aus drei unterschiedlichen Klassen. Insofern kann also eine Aussage über schulische Fernseherziehung nur an drei Lehrerinnen festgemacht werden.

Die Kinder einer Klasse gaben an, sich in der Schule noch nie mit dem Thema Fernsehen befasst zu haben und auch von ihrer Lehrerin noch nie eine Aussage zu diesem Thema gehört zu haben.

Die beiden anderen Lehrerinnen schienen sich recht ähnlich zu verhalten. Sie hatten sich beide noch nie mit dem Thema Fernseherziehung im Unterricht befasst. Jedoch äußerten sie sich ab und zu negativ zum Fernsehen und schoben schlechtes Verhalten der Kinder, wie Unkonzentriertheit und Nervosität auf einen zu hohem Fernsehkonsum.

„Unsere Lehrerin sagt immer zu denen, die nicht so gut sind und immer Quatsch machen, dass die zu viele Filme gucken,..., ob das jetzt wirklich stimmt, das weiß ich nicht,..., sagt immer: Ihr seid ja nur so schlimm, weil ihr so viele schlimme Filme guckt"

„...ist man zappelig und hibbelig, sagt unsere Lehrerin, manchmal, wenn sie es zu mir sagt, das sagt sie aber nicht sehr oft, das hat sie nur zwei mal oder so gesagt, dann nehm ich das nicht ernst, weil ich gar nicht Fernsehen geschaut hab"

Ein Kind äußerte sich dazu, dass die Lehrerin immer sagen würde, die Kinder sollen nicht so viel fernsehen:

„...die Lehrerin sagt, ihr sollt nicht so viel Fernsehe gucken, mehr als sagen kann man ja nichts, ..., könnten ja mit den Eltern reden, aber da würde das eh nichts bringen"

Hier zeigt sich, genau wie die bereits erwähnte Studie (vgl. Kapitel 4.3.1) ergeben hat, dass in der Schule die Fernseherziehung sehr vernachlässigt wird. Generell scheinen solche pauschalen Äußerungen keine Änderungen im Verhalten der Kinder zur Folge zu haben, sondern bewirken eher, dass die Aussagen der Lehrerin von den Schülern nicht ernst genommen werden.

5.3.6 Allgemeine Auswertung

Zusammenfassend kann man festhalten, dass für den Großteil der interviewten Kinder Fernsehen keinen Schwerpunkt unter ihren Freizeitbeschäftigungen einnimmt. Die Kinder haben recht vielfältige Hobbys und schauen nach eigenen Angaben sehr wenig fern.
Etwa 10 der 13 Kinder wirkten sehr reif und schienen vernünftig und reflektierend mit dem Thema Fernsehen umzugehen.
Nach einigem Nachfragen gaben alle an, gerne mal fern zu sehen, weil es Spaß macht und auch ab und zu Langeweile vertreibt, dass sie sich jedoch auch ohne das Fernsehen gut beschäftigen können. Bis auf wenige Ausnahmen gaben sich die Kinder sehr fernseherfahren und meinten, dass sie schon gut selbst in der Lage wären zu entscheiden, was sie sich zumuten können. Außerdem schien ein Bewusstsein darüber vorzuherrschen, dass Angst vor Filmen unbegründet ist, weil „schreckliche Bilder und Handlungsabläufe" mit Trickeffekten produziert werden und nicht real sind.

Man bekam den Eindruck, dass in den meisten Familien grundsätzlich eher wenig fern gesehen wird, viele Kinder äußerten sich sogar abfällig über andere Vielseherkinder sowie Eltern von anderen Kindern, die viel Zeit vor dem Fernseher verbringen. Fast alle interviewten Kinder schienen aus eher wohlhabenden Familien zu kommen, in denen doch eher ein negatives Bild vom Fernsehen vermittelt wurde. So war es auch schwierig zu entscheiden, ob ein Kind wirklich seine eigene Meinung äußert oder ob es nur wiedergibt, was seine Eltern ihm vermitteln.

Dennoch kann man gerade hier erkennen, wie wichtig das Vorbildverhalten der Eltern ist und dass sich die Meinung der Kinder stark an den Ansichten der Eltern orientiert.

Eine Fernseherziehung sollte daher, auch wenn sie von der Schule ausgeht, hauptsächlich an den Eltern ansetzten.

Zu den negativen Auswirkungen des Fernsehens hatten die Kinder weitaus mehr zu sagen als zu den positiven. Trotzdem fanden letztendlich alle, dass sie so vernünftig mit dem Fernsehen umgingen, dass es ihnen selber nicht schaden könne.

„...ich vertrag das, ich bin das ja gewöhnt,..., so ungesund ist es nun auch wieder nicht, umkommen wird man davon nicht."

6 Abschlussbemerkungen

Fernsehen - im Grunde ein zu allen Zeiten seit seiner Erfindung aktuelles Thema. Fast jeder Mensch schaut fern, die meisten sogar täglich, dennoch betrachten nur die wenigsten dieses Thema aus einem wissenschaftlichen Blickwinkel.

In dieser Arbeit wurden zahlreiche Aspekte des Themas, insbesondere die Auswirkungen von hohem Fernsehkonsum auf die Gesundheit, betrachtet. Dennoch ist das Thema damit noch lange nicht ausgeschöpft. Zu vielen Fragestellungen gibt es noch recht wenige oder auch sehr unpräzise Studien. Oft werden auch in der Literatur immer wieder die gleichen Untersuchungen herangezogen.

Daraus resultiert, dass nur sehr wenig eindeutige Aussagen zu den Wirkungen gemacht werden können. Es ist schwierig, den Faktor Fernsehen isoliert zu betrachten da die kognitive, emotionale und körperliche Entwicklung des Kindes stark abhängig ist von Umwelteinflüssen, Familienverhältnissen, sozialen Umständen, erblicher Veranlagung sowie dem Charakter des einzelnen Kindes. Daher können oft nur Vermutungen angestellt werden.

Wenn es um die Auswirkungen des Fernsehens auf die Gesundheit geht, so wird von Eltern gegenüber ihren Kindern oft das Argument „Schädlichkeit für die Augen" angeführt. Gerade diese Aussage konnte aber in den Untersuchungen nicht bestätigt werden. Viel bedeutender sind die Auswirkungen auf das Gefühlsleben, die Bildung von Wert- und Moralvorstellungen sowie die Sprachentwicklung.

Durch falschen Umgang mit dem Fernsehen können Probleme im Umgang mit anderen Kindern entstehen und Ängste hervorgerufen werden. Ebenso kann sich ein zu hoher Fernsehkonsum negativ auf die Schulleistungen auswirken oder aber auch motorische und andere körperliche Probleme verursachen.

Niemals aber resultieren diese Folgen einzig und allein aus dem Fernsehen. Es müssen immer zahlreiche andere Faktoren dazukommen oder aber bestimmte Defizite in einigen Bereichen bestehen.

Kein Kind wird allein durch das Anschauen von Horrorfilmen und Krimis gewalttätig, wenn es eine verständnisvolle Mutter hat, die mit ihm redet, Probleme bespricht und immer für das Kind da ist, wenn die Familie am Wochenende Ausflüge unternimmt, das Kind einen Freundeskreis hat und ausreichend Zeit mit Spielen im und außer Haus verbringt.

Kein Kind, das viel fernsieht, hat einen geringen Wortschatz, wenn sich in der fernsehfreien Zeit mit ihm unterhalten wird, und es andere zahlreiche Anregungen bekommt.

Auch kindliche Ängste, bis zu einem gewissen Grad völlig normal, werden nicht unbedingt vom Fernsehen hervorgerufen. Ein Kind, das in einem behüteten Umfeld aufwächst, zur Verantwortung und Selbstständigkeit erzogen wird und Ansprechpartner hat, wird, wie auch die Interviews gezeigt haben, einschätzen können, was es sich im Fernsehen zumuten kann. Außerdem kann sich dieses Kind mit seinen Ängsten an die Eltern wenden, so dass diese frühzeitig aufgefangen werden können. Zudem ist solch ein Kind meist so gefestigt, dass ihm aufregende Sendungen keine Probleme bereiten.

Das bedeutet aber nicht, dass man sich keine Gedanken mehr um das Fernsehverhalten von Kindern machen sollte, weil Fernsehen alleine kein gestörtes oder kriminelles Kind hervorbringt.

Ein zu hoher Fernsehkonsum wird besonders dann zur Gefahr, wenn ein Kind sehr isoliert, anregungs- und erlebnisarm aufwächst.

Untersuchungen haben gezeigt, dass Fernsehen insbesondere Kindern aus sozial schwachem Milieu und mit niedrigem IQ schadet. Hier fehlt oft der unterstützende Rückhalt der Familie, die nötigen geistigen Fähigkeiten, das Gesehene zu verarbeiten, zu verstehen und richtig einzuordnen sowie ergänzende Freizeitangebote und eigene Erlebnisse. Fernsehen ist für diese Kinder keine Bereicherung oder Ergänzung, sondern ein Ersatz für ein nicht selbst gelebtes Leben.

Insbesondere, wenn das eigene Umfeld trist und langweilig ist, wird das Fernsehen als Möglichkeit, diesem zu entfliehen, aufgegriffen.

Fernsehen an sich ist nicht generell schlecht. Ein Kind vom Fernsehen abzuhalten, wäre völlig unsinnig und wenig förderlich, da es so nicht lernen kann, mit dem Medium umzugehen.

Ein Kind, das nie fernsehen darf, wird zum Außenseiter gemacht und wie Studien gezeigt haben, sind Kinder, die nur sehr wenig fernsehen, viel stärker emotional betroffen von dem Gesehenen.

Kinder lieben das Fernsehen, und daher sollte man es ihnen auch nicht verbieten. Es gibt durchaus pädagogisch wertvolle Programmangebote, in denen die Kinder etwas lernen und Dinge von der Welt erfahren können, die ihnen auf anderem Wege nie zugänglich wären. Eine phantasievolle Geschichte, die kindgemäß[64] filmisch umgesetzt wurde, ist durchaus geeignet, Kinder zu unterhalten, sie träumen zu lassen, ihnen Identifikationshelden und Orientierungen zu geben, ohne dass ihnen Schaden zugefügt wird. Ein Beispiel hierfür wäre z. B. die Filmreihe „Pippi Langstrumpf".

Wichtig ist es vor allem, ein Kind beim Fernsehen zu unterstützen, ihm den Umgang mit dem Medium beizubringen, feste Regeln (siehe Kapitel 4.2.2) aufzustellen und diese auch konsequent einzuhalten.

Wie die Interviews gezeigt haben, ist allerdings in Bezug auf eine erfolgreiche Fernseherziehung noch einiges zu tun. Insbesondere in den Schulen ist Fernsehen ein Thema, das aufgrund Zeitmangels und zahlreicher anderer Probleme der heutigen Zeit oft zu kurz kommt.

Dennoch muss man festhalten, dass eine schulische Fernseherziehung ohne ein unterstützendes Elternhaus wenig bringen würde, da Kinder sich vorwiegend am Verhalten ihrer Eltern orientieren. Dazu kommt, dass eine schädliche Wirkung durch das Fernsehen nur dann verhindert werden kann, wenn ein Kind ausreichend Förderung, Unterstützung und Sicherheit erfährt und die Möglichkeit hat, die Welt selbst zu entdecken und zu erleben. Dies kann die Schule alleine natürlich nicht erreichen.

In unserer heutigen Zeit, in der sich kaum jemand mehr Gedanken übers Fernsehen macht, weil es „eben einfach dazugehört", ist es wichtig, sich die Gefahren eines übermäßigen Konsums bewusst zu machen, den Kindern ein gutes Vorbild zu sein, ihnen durch Regeln Sicherheit und Unterstützung zu geben und ihnen abwechslungsreiche soziale und auch sportliche Freizeitaktivitäten zu ermöglichen.

In unserer medial geprägten Welt ist es auf jeden Fall erforderlich, den Kindern den Umgang mit den Medien zu vermitteln, denn wer die Medien und ihre Funktions- und Ausdrucksweisen versteht und mit ihnen selbstbewusst und verantwortungsvoll umzugehen weiß, der erleidet auch keinen gravierenden Schaden.

---

[64] Beachtung von einigen Regeln: u.a. gutes Ende, kurze Spannungsbögen, keine wirklichen Gefahren, kein schneller Bildwechsel

7 Literaturverzeichnis

7.1 Bücher

1. **Aufenanger**, Stefan u.a.(1996): *Gutes Fernsehen- schlechtes Fernsehen!? ,,Denkanstöße, Fakten und Tipps für Eltern und ErzieherInnen zum Thema Kinder und Fernsehen"*. KoPäd Verlag

2. **Bachmair**, B. (2001): *Abenteuer Fernsehen- Ein Begleitbuch für Eltern*. München

3. **Barthelmes**, Jürgen (1999): *Fernsehen und Computern in der Familie- Für einen kreativen Umgang mit Medien.* München

4. **De Haen**, Imme (1987): *Bilder-Welten-Fernsehen im Alltag der Kinder- Eine Bilderreihe mit Tonbandsequenzen für Kinder im Vorschulalter, in der Grund- und Sonderschule, den Kindergottesdienst und die Gemeindearbeit.* Offenbach

5. **Fischer**, Gabriele (2000): *Fernsehmotive und Fernsehkonsum von Kindern- Eine qualitative Untersuchung zum Fernsehalltag von Kindern im Alter von 8 bis 11 Jahren.* München

6. **Gensch**, A. (1999): *Fernsehkonsum und motorische Leistungsfähigkeit von Grundschülerinnen und Grundschülern- aufgezeigt an ausgewählten* Fällen (unveröffentlichte Hausarbeit). Hamburg

7. **Glogauer**, Werner (1998): *Die neuen Medien verändern die Kindheit.* Weinheim

8. **Güldenpfennig**, N. (1998): *Zur motorischen Leistungsfähigkeit von GrundschülerInnen- ein Vergleich zwischen Schülerinnen aus ländlichen und städtische Siedlungsgebieten* (unveröffentlichte Hausarbeit). Hamburg

9. **Heide**, Chr. (1981): *Kind in Deutschland.* Hamburg

10. **Hurrelmann**, Bettina (1996): *Familienmitglied Fernsehen. Fernsehgebrauch und Probleme der Fernseherziehung in verschiedenen Familienformen.* Opladen

11. **Klinger**, Walter, Schönenberg, Karen (Hrsg.) (1996): *Hören, Lesen, Fernsehen- und sie spielen trotzdem: Beiträge zum Medienumgang von Kindern.* Baden-Baden

12. **Kunczik**, Michael (1996): Gewalt und Medien. Köln

13. **Landesanstalt für Rundfunk Nordrhein-Westfalen** (Hrsg.) (1991): *Das Fernsehen im Alltag von Kindern- Informationen für die Medienerziehung im Kindergarten und Grundschule.* Düsseldorf

14. **Lerchmüller-Hilse**, H. (1998*): Elternratgeber: Kinder und Fernsehen- Was, wann, wie oft, warum überhaupt?.* München

15. **Maschwitz**, R. (1993): *Stille-Übungen mit Kindern- Ein Praxisbuch.* München

16. **Meyer**, Manfred (Hrsg.) (1984): *Wie verstehen Kinder Fernsehprogramme- Forschungsergebnisse zur Wirkung formaler Gestaltungselemente des Fernsehens.* München

17. **Mitzlaff**, H. (1998): *Grundschule und neue Medien.* Frankfurt

18. **Myrtek**, Michael (2000): *Fernsehen, Schule, Verhalten. Untersuchungen zur emotionalen Beanspruchung von Schülern.* Bern

19. **Postmann**, Neil (1990): *Das Verschwinden der Kindheit.* Frankfurt

20. **Pres**, Ute (2002): *Fernsehen als Thema in der Grundschule.* München

21. **Prohl,** Robert (1999): *Grundriß der Sportpädagogik.* Wiebelsheim

22. **Quattrocchi**, Angelo (1994): *Wie schütze ich mich und meine Familie vor dem Fernsehen*. Markt Erlbach

23. **Richter**, Karin u.a. (2001):*Kindsein in der Mediengesellschaft- Interdisziplinäre Annäherung*. Weinheim

24. **Rogge**, Jan-Uwe(1997): *Kinder können fernsehen- Vom sinnvollen Umgang mit dem Medium*. Hamburg

25. **Rolff**, Hans-Günter (1997): **Kindheit im Wandel**. Weinheim

26. **Schächter**, Markus (Hrsg.) (2001): *Reiche Kindheit aus zweiter Hand- Medienkinder zwischen Fernsehen und Internet*. München

27. **Schmidbauer**, M. (2000): *Kinder und Fernsehen in Deutschland- Eine Dokumentation empirischer Forschungsprojekte 1989-1999*. München

28. **Spitzer**, Manfred (2002): *Lernen- Gehirnforschung und die Schule des Lebens*. Heidelberg-Berlin

29. **Theunert**, Helga (1995): *,,Wir gucken besser fern als ihr!" - Fernsehen für Kinder*. München

30. **Tulodziecki**, Gerhard (2000): *Medienerziehung in der Grundschule- Grundlagen, empirische Befunde und Empfehlungen zur Situation in Schule und Lehrerbildung*. Opladen

31. **Weller**, Stefan (1999): *Die neue Mediengeneration- Medienbiographien als medienpädagogische Prognoseinstrumente. Eine empirische Studie über die Entwicklung von Medienpräferenzen*. München

32. **Wilkins**, Joan (1986): *Bewusster fernsehen- Ein Vier-Wochen-Programm für die Familie*. Frankfurt

7.2 Aufsätze aus Büchern

1. **Anderson**, Daniel: *Die Aufmerksamkeit des Kindes beim Fernsehen: Folgerungen für die Programmproduktion.* In Meyer, Manfred (Hrsg.) (1984): Wie verstehen Kinder Fernsehprogramme- Forschungsergebnisse zur Wirkung formaler Gestaltungselemente des Fernsehens. München, S. 52-92

2. **Artelt**, C. u.a.(2001) : *Lesekompetenz: Testkonzeption und Ergebnisse.* In Deutsches PISA Konsortium (Hrsg.):PISA 2000. Basiskompetenzen von Schülerinnen und Schülern im internationalen Vergleich. Opladen, S.69-137

3. **Barth**, Bertram: *Kinder und Medien in Österreich.* In Klinger, Walter (1996): Hören, Lesen, Fernsehen- und sie spielen trotzdem: Beiträge zum Medienumgang von Kindern. Baden-Baden, S.41-50

4. **Corset**, Pierre: *Fernsehen im leben französischer Kinder: Ein Überblick über neuere Forschungsansätze.* In Meyer, Manfred (Hrsg.) (1984): Wie verstehen Kinder Fernsehprogramme- Forschungsergebnisse zur Wirkung formaler Gestaltungselemente des Fernsehens. München, S. 178- 198

5. **Dorr**, Aimee : Im Fernsehen dargestellte und vom Fernsehen stimulierte Emotionen in Meyer, Manfred (Hrsg.) (1984): Wie verstehen Kinder Fernsehprogramme- Forschungsergebnisse zur Wirkung formaler Gestaltungselemente des Fernsehens. München S. 93-137

6. **Groebel**, Jo: *Kinder und Medien in der internationalen Forschung.* In Klinger, Walter (1996): Hören, Lesen, Fernsehen- und sie spielen trotzdem: Beiträge zum Medienumgang von Kindern. Baden-Baden, S.3-16

7. **Horn**, Imme: Bedeutung von Fernsehen und Video im Leben von Kindern der alten und neuen Bundesländer. In Klinger, Walter (1996): Hören, Lesen, Fernsehen- und sie spielen trotzdem: Beiträge zum Medienumgang von Kindern. Baden-Baden, S.27-40

136

8. **Kunstmann**, W. (1987): *Jeden Tag zwei Stunden vor der Glotze*. In Hagedorn, F. (Hrsg.) (1987): Kindsein ist kein Kinderspiel. Frankfurt/M., S. 124-151

9. **Lenssen**, Margit: *Handlungsleitende Themen und Bedürfnisorientierung- Was Kinder im Fernsehen suchen*. In Klinger, Walter (1996): Hören, Lesen, Fernsehen- und sie spielen trotzdem: Beiträge zum Medienumgang von Kindern. Baden-Baden, S.123-128

10. **Meyer-Hesemann**, Wolfgang: *Medienkompetenz als politische Aufgabe*. In Schächter, Markus (Hrsg.) (2001): Reiche Kindheit aus zweiter Hand-Medienkinder zwischen Fernsehen und Internet. München, S.197-203

11. **Paus-Haase**: *Ein Kompass durch den Mediendschungel- Was Medienpädagogik leisten kann*. In Schächter, Markus (Hrsg.) (2001): Reiche Kindheit aus zweiter Hand-Medienkinder zwischen Fernsehen und Internet. München, S.107-119

12. **Rice**, Mabel : *Fernsehspezifische Formen und ihr Einfluss auf Aufmerksamkeit, Verständnis und Sozialverhalten der Kinder*. In Meyer, Manfred (Hrsg.) (1984): Wie verstehen Kinder Fernsehprogramme- Forschungsergebnisse zur Wirkung formaler Gestaltungselemente des Fernsehens. München, S. 17-51

13. **Rydin**, Ingegerd: *Wie Kinder Fernsehsendungen verstehen und daraus lernen*. In Meyer, Manfred (Hrsg.) (1984): Wie verstehen Kinder Fernsehprogramme- Forschungsergebnisse zur Wirkung formaler Gestaltungselemente des Fernsehens; München, S. 158- 177

14. **Salomon**, Gabriel: *Der Einfluss von Vorverständnis und Rezeptionsschemata auf die Fernsehwahrnehmung von Kindern*. In Meyer, Manfred (Hrsg.) (1984): Wie verstehen Kinder Fernsehprogramme- Forschungsergebnisse zur Wirkung formaler Gestaltungselemente des Fernsehens. München, S.199-217

15. **Schönenberg**, Karen: Kinder und Medien aus Sicht der Eltern. In Klinger, Walter (1996): Hören, Lesen, Fernsehen- und sie spielen trotzdem: Beiträge zum Medienumgang von Kindern. Baden-Baden, S.113-121

16. **Schorb**, Bernd: *Rosige Zeiten für neugierige Kinder- Die neue Mediengeneration.* In Schächter, Markus (Hrsg.) (2001): Reiche Kindheit aus zweiter Hand-Medienkinder zwischen Fernsehen und Internet. München, S.15-28

17. **Six**, Ulrike: *Fernsehen- (k)ein Thema in Kindergarten und Grundschule- Bestandsaufnahem zur Medienerziehung.* In Schächter, Markus (Hrsg.) (2001): Reiche Kindheit aus zweiter Hand-Medienkinder zwischen Fernsehen und Internet. München, S.155-169

18. **Steinmann**, Matthias: *Kinder und Medien in der Schweiz.* In Klinger, Walter (1996): Hören, Lesen, Fernsehen- und sie spielen trotzdem: Beiträge zum Medienumgang von Kindern. Baden-Baden, S.51-72

19. **Theunert**, Helga: *Was wollen Kinder wissen? Angebot und Nachfrage auf dem Markt der Informationsprogramme.* In Schächter, Markus (Hrsg.) (2001): Reiche Kindheit aus zweiter Hand-Medienkinder zwischen Fernsehen und Internet. München, S. 47-62

20. **Theunert**, Helga : *Gewalt und Halbgewalt- Die kindliche Wahrnehmung von Gewalt im Fernsehen.* In Klinger, Walter (1996): Hören, Lesen, Fernsehen- und sie spielen trotzdem: Beiträge zum Medienumgang von Kindern. Baden-Baden, S.73-80

7.3 Zeitschriften

1. **Abelman**, Robert (2000): *What children watch when they watch TV: Putting theory into practice.* In Journal of Broadcasting& Electronic media 44, 1, S. 143-154

2. **Crespo**, Carlos u.a. (2001): *Television Watching, Energy Intake and Obesity in US Children- Results From the Third National Health and Nutrition Examination Survey.* In Archives of Pediatric & Adolescent Medicin, S. 360-365

3. **Eckhardt**, Josef u.a (2002): *Mediennutzung bei Kindern: Radio im Abseits?.* In Media Perspektiven 2, S. 88-102

4. **Ennemoser**, M. (2003): *Effekte des Fernsehens im Vor- und Grundschulalter- Ursachen, Wirkmechanismen und differnzielle Effekte.* In Nervenheilkunde 9, S. 29-44

5. **Feierabend**, Sabine (2001): *Kinder und Medien 2000: PC/ Internet gewinnen an Bedeutung.* In Media Perspektiven 7, S. 345-355

6. **Feierabend**, Sabine (2003): *Was Kinder sehen- Eine Analyse der Fernsehnutzung von Drei- 13-Jährigen 2002.* In Media Perspektiven 4, S. 167-179

7. **Gleich**, Uli (2002): *Kinder und Fernsehen- ARD Forschungsdienst.* In Media Perspektiven 2, S.103-109

8. **Götz**, Maya (2001): *Kinder- und Familienfernsehen aus der Sicht der Eltern.* In Televizion 14, 1, S.41-48

9. **Groebel**, Jo (1994): *Kinder und Medien: Nutzung, Vorlieben, Wirkungen.* In Media Perspektiven 1, S. 21-27

10. **Hancox**, Robert (2004): *Association between child and adolescent television viewing and adult health: a longitudinal birth cohort study.* In Lancet 364, S. 257-262

11. **Hauptmeier**, Carsten (2004): *Im Bann der flimmernden Bilder.* In P.M. Perspektiven 36, S.74-77

12. **Jörg**, Sabine (1994): *Kindliche Entwicklung und die Rolle des Fernsehens*. In Media Perspektiven 1, S. 28-34

13. **Kleine**, Wilhelm (1997): *Entwöhnen wir unseren Kindern die Bewegung*. In Sportunterricht 46, S.487-493

14. **Krcmar**, Marina (2000): *The effect of an educational/informational rating on children´s attraction to and learning from an educational program*. In Journal of Broadcasting& Electronic media 44, 4, S. 674-689

15. **Kretschmer**, Jürgen (2000): *Was wissen wir über die Folgen der veränderten Bewegungswelt?* In Körpererziehung 50, S. 217-223

16. **Kuchenbuch**, Katharina (2003): *Die Fernsehnutzung von Kindern aus verschiedenen Herkunftsmilieus*. In Media Perspektiven 1, S. 2-11

17. **Roe**, Keith (2000): *Socio-economic status and children´s television use*. In Communications 25, 1, S.3-18

18. **Roe**, Keith (2001): *Media use and academic achievement: Which effects?*. In Communications. The European Journal of Communication Research 26,1, S.39-57

19. **Schiffer**, Leonhard (2003): *Fernsehen und Kindheitserleben- Teletubbies- ein kindgerechtes Fernsehformat?*. In Erziehungskunst 67, S. 974-991

20. **Settertobulte**, W. u.a. (1997): *Gesundheitsstörungen im Kindesalter- Ergebnisse das Bielefelder „Grundschulsurveys"*. In Prävention 20, S.3-6

21. **Singer**, Jerome u.a. (1989): *Kognition und Motorik von Kindern- Fernsehwirkungen in Interaktion mit Fernsehkommunikation*. In Medienpsychologie 1(2), S.120-135

22. **Spitzer**, M. (2003*): Fernsehen und Kinder in Deutschland-Emotionen, Schule, Körper und Geist*. In Nervenheilkunde 3, S.113-115

23. **Stettler**, Nicolas (2004): Electronic Games and Environmental Factors Associated with Childhood Obesity in Switzerland. In Obesity Research 12/6, S. 896-903)

24. **Valkenburg**, P. (2000): *Fright reactions to television. A childrens survey*. In Communication Research 27,1, S.82-99

25. **Van den Bulck**, Jan (2000): *The influence of perceived parental guidance patterns on children´s media use: Gender difference und media displacement*. In Journal of Broadcastimg & Electronic Media 44, 3, S. 329-348

26. **Werth**, Reinhard (2002): *Beeinflussen Fernsehen und das Betrachten von Computerspielen die Entwicklung visueller Leistungen? Ein Kommentar aus der Neuropsychologie*. In Die Sprachheilarbeit 47, S.127-128

7.4 Internet

http://www.lifeline.de/cda/page/center/0,2845,8-4780,FF.html; 06.09.2004

http://www.psychologie.uni-wuerzburg.de/i4pages/html/fernsehprojekt.html
(Schneider,W., Ennemoser,M.: Zum Einfluss des Fernsehens auf die Entwicklung von Sprach- und Lesekompetenzen von Kindern); 06.09.2004

http://www.familienhandbuch.de/cmain/f_Fachbeitrag/a_Erziehungsberichte/s604.html (Gründler, E.: Sprache lernen); 15.09.2004

http://medizinauskunft.de/artikel/aktiv/fitness/18_03_fernsehen.php; 18.09.2004

http://www.3sat.de/ nano/ astuecke/ 24761; 18.09.2004

http://www.Cnn. com/2001/ HEALTH/ children/ 01/ 08/ tv.eating/); 06.09.2004 http:/ www.Naturkost.de/ meldungen/ 011026gv1.htm; 06.09.2004

http://aerzteblatt.de /v4/ news.asp?id=16824; 08.09.2004

http://pediatrics.aappublications.org/cgi/content/abstract/109/6/1028 (amerikanischen Studie vom Research Institute Bassett Healthcare); 08.09.2004

http://morgenpost.berlin1.de/archiv2002/020615/berlin/story527667.html (Nitsche: Bewegung hilft beim Spracherwerb); 06.09.2004

http://www.Familienhandbuch.de/cmain/f_Aktuelles/a_KindlicheEntwicklung/s596.ht ml (Breithecker: Kinder brauchen Bewegung zur gesunden und selbstbewussten Entwicklung und Friederichs: Wie gesund sind unsere Kinder und Jugendlichen?); 08.09.2004

Lightning Source UK Ltd.
Milton Keynes UK
UKHW010711290721
387974UK00003B/644